懷抱著母親的心
製作健康天然的
麵包與糕點

我從小就非常喜歡進廚房，寒假和過年期間最快樂的事，就是窩在溫暖的炕床上，翻閱著奶奶的食譜書。如果在書上看到想做的料理，就會纏著奶奶要一起做。據說我第一個嘗試的烘焙作品就是卡斯提拉 (Castella) 蛋糕。奶奶攪拌蛋黃，我負責打蛋白糖霜。

奶奶說「必須要攪拌到把鍋子倒過來，蛋白也不會滑落的程度」，我忍耐著手臂痠痛，努力打著糖霜，想像再過一會兒就會變出美味的卡斯提拉蛋糕。經過一番努力，終於要進入烘焙的階段，奶奶和小孫女共同製作的卡斯提拉蛋糕，究竟是什麼模樣呢？其實很小的時候，我們家沒烤箱，只能用一款叫做「partycooker」的電烤爐，塗上油、倒入麵糊加熱，當然烤出來成品和想像完全不同，看起來就像是四方形的雞蛋糕。雖然完全無法和現在做的卡斯提拉蛋糕相比，但當時的滿足與溫暖，以及移居到天國的奶奶，至今仍讓我無限懷念。

促使我正式踏上烘焙一途的契機，是因為我那患有嚴重異位性皮膚炎與鼻炎的孩子們。發育期間，正是需要特別注重飲食的孩子們，卻十分偏食，喜歡吃麵包勝過正餐。其中餵藥甚至比餵飯還容易的老大，最喜歡吃的就是紅豆麵包。在我開始學習烘焙的 17 年前，有機農作、食品添加物、反式脂肪酸等問題，都還沒受到一般人的重視。既然他喜歡吃紅豆麵包，又必須先填飽肚子才能吃皮膚炎的藥，於是我乾脆向鄰近的麵包店訂購紅豆麵包讓他果腹。

但不久後，我卻發現了驚人的事實。當我試著購買市售的紅豆沙，想自己炒成紅豆粉製作糕餅，卻每每在翻炒時出現反胃及暈眩的症狀，後來還演變成雙眼酸澀、無法睜開的地步。原來這是市售紅豆中所添加的化學藥劑，隨著加熱與水分蒸發而釋出的結果。在炎炎夏日站在瓦斯爐前翻炒 1 小時以上的紅豆粉，全部被我丟掉了。雖然不知道確切的成分，我可以肯定的是那絕對不適合人體食用。我將剩下的紅豆藏在陽台角落，打算找機會丟掉。沒想到過了兩天、三天，它們看起來完全沒有腐壞。我決定測試它們需要多久時間才會變質，經過 2 週後，居然連一點點黴菌都沒有，這使我心中產生一種被背叛與惱怒的感覺。

回想過去買了無數個巧克力麵包和紅豆麵包給我的孩子們，心中無限的心疼且帶著深深的歉意。為了讓孩子吃到完全沒有食品添加物、反式脂肪酸的食品，我開始學習製菓與烘焙。雖然在補習班上課總是使用市售的紅豆泥和乳瑪琳，但是我回家練習時就一定會採用國產麵粉、純牛奶奶油，紅豆泥，在歷經數次失敗後，終於做出比市售商品更好吃的媽媽牌紅豆泥。

補習班是兩天去一次，每逢不用上課的那天早上，把孩子送去學校後，我就開始在家製作無添加物的熱狗麵包或紅豆麵包，期待著孩子們回家後驚喜的眼神。接著做家事、哄孩子們上床睡覺，九點左右又開始攪拌麵團，預備著明天的餅乾點心，要等一切安排就緒後，才能安心去上課。眼看著孩子們的蕁麻疹和鼻炎逐漸改善，加上我本身對料理的熱忱與興趣，每次烘焙的過程都充滿無比的樂趣與成就。

學成之後，我在住家附近的商街開設「使用國產麵粉與安心食材製作的烘焙課」。每次有學生問「您是在哪裡學烘焙的呢？」，我總是回答「我是自學的」。當年我學習烘焙時，確實沒有任何地方在教導國產麵粉製品的作法，也沒有任何烘焙課程採用無添加物的副材料。當我的國產麵粉糕餅店開幕時，曾有朋友問「國產麵粉給人的印象就是便宜無味，為什麼妳要標榜使用國產麵粉呢？」其實只要知道幾項祕訣，也能做出相當好吃的餅乾和麵包。大家對國產麵粉的誤會很深，但我卻無法因為這些誤會而放棄。不僅是為了我自己的孩子，不時也會聽說具有相同問題的孩子，因為吃了天然國產麵粉製品而得到好轉的消息。我做的國產麵粉麵包，絕對不是想像中僵硬、無味的東西，畢竟我自己也很討厭不好吃的麵包。

對於烘焙，我堅持採用有機雞蛋、有機二號砂糖、100％牛奶奶油、100％牛奶鮮奶油，以及能讓麵包內部保持濕潤的酵母種。有些媽媽為孩子的異位性皮膚炎所苦，卻因為對料理沒有興趣，不想學習烘焙。我會建議她們購買市售麵包機，只要做一般的吐司就夠了。持續食用天然食材製作的吐司，不僅能換得全家人的健康，麵包機的成本也算是物超所值。一開始可能覺得麻煩，但逐漸熟練後，就能一邊準備其他料理，一邊讓麵包機運作。

本書為了讓烘焙初學者也能獨立作業，附有詳細的步驟解說。其中不時出現的注意事項與小祕訣，請讀者務必詳讀牢記。希望本書能幫助所有想品嘗更健康、更美味的天然麵包，以及喜歡居家烘焙的人。

Mommyhands 金智妍

75款零負擔

天然發酵
麵包與餅乾

作者　金智妍

譯者　邱淑怡

烘焙前的叮嚀

① 根據麵粉的品種、栽培條件、磨粉季節以及乾燥程度，即便是同一品牌的麵粉，也有可能做出含水量不同的麵包。本書中介紹的水分率並非絕對，請依照狀況適度調整。

② 書中所有品項均採用韓國國產麵粉，但其含水量與進口麵粉頗為接近，可使用進口麵粉替代。

③ 添加優格的麵包或糕點，即便優格分量相當，也可能隨著濃度比例不同，而讓麵團呈現不一樣的狀態，製作時請視狀況適度調整水的添加量。

Contents

Chapter 1.
天然發酵麵包

Chapter 2.
健康餅乾和甜點

Home-made Baking Note

居家烘焙筆記

滿足想在家親手烘焙麵包和糕點的人，以及希
望讓家人品嘗到健康食品的想法，那麼就運用
屬於我們的土地上所生長出來的麥子、蔬菜和
有機糖等食材，一起來作烘焙吧。

Mommyhands 不藏私的居家烘焙筆記，讓健康
與美味來到所有人身邊。

居家烘焙發酵麵包
與健康餅乾的基本器具

居家烘焙的基本配備，先從計量工具與模具開始。想要製作成功的烘焙作品，麵團分量越少的品項，越需要精準的計量工具。量杯和量匙都需計量仔細，建議使用精準的電子秤為宜。製作麵團、造型和烘焙的過程中，也需要預備各種不同的工具。

❶ 吐司模具

一般常見的基本模具，大約可放入 500 ～ 550g 的麵團。

❷ 帶蓋吐司模具

附蓋四方形吐司模具，可烤出四邊均呈方形的吐司，也稱為「三明治吐司模具」或白吐司（Pain de mie）模具。

❸ 中型磅蛋糕模具

約為基本吐司模具的 1/2 分量，可將吐司麵團切 2 等分，製作 2 份迷你吐司，也稱為「Olanda 模具」。

❹ 小型磅蛋糕模具

容量減小，烘焙時間也相對縮短。

❺ 派盤 & 水果塔模具

派盤和水果塔的模具，高度及體積略有不同。有鐵氟龍塗層、可拆卸底盤的款式較便利。

❻ 咕咕洛夫模具

倒入麵包或磅蛋糕麵團後烘烤，就能製成造型特殊的成品。即使內側有塗層，也必須仔細用刷子抹上奶油，並撒上適量高筋麵粉，增加模具表面的摩擦力，成品的外型才能更加鮮明。中間穿孔的設計讓麵團中央也能順利受熱。

❼ 圓吐司模具

雖然內側有塗層，仍須以刷子均勻抹上沙拉油或奶油後，再放入麵團為佳。

❽ 貝殼蛋糕模具

須均勻塗上奶油，確保成品的模樣完整漂亮。在收納保存時，若貝殼紋路之間留有未清潔乾淨的蛋糕屑，容易讓塗層變質而損壞。所以，應使用溫水及中性清潔劑，完全洗淨並晾乾。另外，也可利用烤箱的餘熱烘乾。

❾ 費南雪模具

有 12 個一組的大型模具，但每次都要逐一清洗凹槽，還是單個模具較便利。

❿ 迷你派模具

適合蛋塔的迷你型模具。製作派類需壓派石，使用市售商品固然方便，但也可簡單利用手邊的米或豆子替代。

⓫ 杯子蛋糕模具（比重杯）

造型迷人、尺寸適當，剛好能做出不讓人產生負擔的甜品糕點。本書都以100cc 的比重杯代替瑪芬杯。

⓬ 餅乾烤盤

高度較低的烤盤，擁有中心導熱快速的優點。

⓭ 不沾烤盤布

半永久性的烤盤紙，可代替塗過油的烤盤，省去每次都要在烤盤上塗油才能裝盤的麻煩。雖然也可用烘焙紙，但偶爾會發生充分發酵過的麵團擺在烘焙紙上，烘焙完成後卻互相沾黏的問題。在清潔時應避免浸泡水中，養成使用後立即清洗的習慣，就能延長使用壽命。

⓮ 方形模具

如果沒有和食譜中相同體積的模具，可在手邊擁有的方形模具中，放入發酵麵團約至 4 分滿，蛋糕麵團約 8 分滿後烘焙。由於發酵麵團會遇熱膨脹，填裝4 分滿才不會溢出。

⓯ 半盤型烤盤

使用於製作小型麵包或蛋糕捲。使用前應注意是否與烤箱大小相符。

⓰ 烘焙紙

使用後無需清洗，一次性耗材。

⓱ 烤箱

我個人使用瓦斯旋風烤箱，推薦內部空間寬敞、門板較厚、框架堅固、可有效斷熱的款式。每款烤箱的溫度不同，建議善用烤箱溫度計，從預熱開始即放入烤箱中精密偵測溫度。

❶ 各種篩網

去除顆粒過大的各種粉類，並使之與空氣迅速接觸，及與其他材料達到混和均勻的作用，是烘焙時不可或缺的工具，應準備數個不同的款式為佳。

❷ 電子量匙

譬如鹽 1.3g 或速發乾酵母 0.7g 等微量材料，就以電子量匙計量為佳。在本書中，也是製作酵母種不可或缺的工具。

❸ 溫度計

測量麵團或液態材料的溫度。測量麵團溫度時，應將它深埋入麵團中心。以韓國國產麵粉製成的麵團而言，不超過27～28℃最為恰當。若使用麵包機揉麵團，必須注意麵包機通常會以紅外線加熱內鍋，除非嚴寒冬天，否則液態材料都應保持冰涼，揉麵團時將麵包機的上蓋打開為佳。若選在炎熱的夏天使用麵包機，除了將上蓋保持開啟，也可以拿 2～3 個小保冷劑放在內鍋與機體之間。

❹ 電子秤

測量烘焙材料的分量時，以測量較精細的電子秤代替一般磅秤為佳。建議選購以 1g 為單位，最大可測量到 5kg 的款式。除了烘焙材料，醃製梅果或五味子時，也能用來提升酵素分量的精準度。

❺ 不鏽鋼盆

不鏽鋼盆指的是用來混合材料、打蛋白糖霜的烘焙工具，耐高溫又可迅速冷卻。準備大（直徑約 30cm）、中（直徑約 27cm）、小（直徑約 23cm）等數種尺寸為佳。

❻ 手持式攪拌器

手持式攪拌器的價格依據品牌、最大耗電率等條件而不同，原則上只要功率在250～300W 左右，可調整 4～5 段速，不限任何品牌。

❼ 擀麵棍

為製作麵包或糕點造型時必備的工具，準備小（長 30cm）和大（長 40cm）兩種為佳。請勿使用中央或兩端隆起的棒槌型工具。擀麵棍的直徑均一，才有利於製作派及餅乾等厚度均勻的品項。

❽ 尺

製作派或餅乾等厚度均勻的品項時，需2 把不鏽鋼尺及 2 把厚 0.5cm 的塑膠尺。將麵團填入塑膠袋，再將尺支撐於擀麵棍兩側，就能擀出均勻的厚度。

❾ 金屬棒

主要使用於熱那亞式蛋糕切片，也可以運用於製作司康（scone）。金屬棒的重量越重，使用起來越順手。

❿ 打蛋器

建議準備一般、小型及大型三種款式，依據混合材料的分量和不鏽鋼盆的大小選用。若混合材料的分量僅約 1 杯左右時，使用小型打蛋器即可。

⓫ 挖杓

運用於麵團裝盤，準備大（24 號）及小（30 號）兩種為佳。挖杓的號碼越大，直徑與挖起來的量越小。

⓬ 量匙

適用於測量小分量的材料，準備可以測量到 1/8 茶匙的款式為佳。

⓭ 木製攪拌杓

如果備有耐熱攪拌杓，也不一定要準備木製款，但在製作泡芙，或者需要確認拌料沾黏鍋底的情況時，木製攪拌杓還是比較好用。

⓮ 刷子

刷毛柔軟且不易鬆脫者為佳。主要用於在基底蛋糕上抹糖漿、在鍋子內抹奶油，或者在發酵麵包表面上塗抹蛋液，可依照用途準備數種不同尺寸的刷子，

也能提升製作的效率與塗抹的效果。使用後的刷子應使用中性清潔劑清洗，同時利用杯底或盤底按壓刷毛，將中央部分也清洗乾淨，最後以刷毛朝下的方式吊掛晾乾。

⓯ 橡皮刮刀

可根據不鏽鋼盆的尺寸選用適當大小的有柄刮刀，主要用於攪拌麵糊或刮淨鋼盆內的材料。若需在加熱時避免材料沾黏鍋底，則應選用耐熱刮刀。

⓰ 半圓形刮板

使用於集中拌料，或將填充餡料抹平。分有不鏽鋼與橡膠材質，同時準備兩種為佳。不鏽鋼刮刀可用於切奶油或麵團，橡膠刮板較柔軟，可用於攪拌麵糊和拌料與刮淨鋼盆內的材料。

⓱ 矽膠墊

遇到底部不需要烘烤上色的品項，可將矽膠墊鋪在烤盤底層。若家裡沒有適當的烘焙料理台，也可將矽膠墊置於桌上使用。

⓲ 擠花袋

將餡料或鮮奶油填入擠花袋，就能沿著模具邊緣或按照想要的模樣擠在糕點上。分有半永久性材質與塑膠材質兩種，建議可一併選購備用。

⓳ 擠花嘴

運用不同的擠花嘴，可擠出不同造型的奶油霜飾，以裝飾蛋糕或製作特殊造型的餅乾。直徑 1cm 的圓形擠花嘴與星狀擠花嘴等，都是必備的基本款式。

⓴ 甜甜圈壓模器

雖然利用大小不同的兩個杯子，一樣能壓出甜甜圈的模樣，但準備一個專用壓模器，可愛輕鬆又方便。

居家烘焙的健康食材

Mommyhands 堅持採用健康麵粉和慎選過後的天然食材，如有機糖、燕麥、玉米粉等，以最符合健康的製作方式，創造出天然又美味的麵包與糕點。

頂級高筋白麵粉
出筋現象比進口一級高筋麵粉少，吸水率較低、老化速度快，成品的體積也較小。但易於消化，散發特有的香甜味。

高筋全麥麵粉
比白麵粉稍微粗糙，但非常適合製作麵包。

中筋麵粉
替代進口低筋麵粉。

燕麥
外型扁圓的燕麥善於吸收水分，因此也容易受潮並產生異味。可在使用前將燕麥平鋪在烤盤中，以事先預熱至 150℃的烤箱烘烤 5～10 分鐘。要注意保存期限和包裝狀態是否完善的產品。

麥粉
添加於磅蛋糕或杯子蛋糕，或是與高筋麵粉混合後製作發酵麵包。

玉米粉
進口玉米粉較能做出大眾熟悉的味道，但以國產玉米粉替代也是不錯的選擇。國產玉米粉的質感雖比進口玉米粉細緻，但滋味與香氣確實略遜一籌。

有機二號砂糖

比精製白糖的顆粒粗。製作糕點類時，若因各種考量而選用粗顆粒的砂糖，應先行打碎或利用調理機磨碎後使用。

堅果粉

市面上已經粉碎處理過的材料都容易酸敗，選購時應盡量尋找製造日期較近的新鮮產品。購入後，務必冷凍或冷藏保存。

速發乾酵母

酵母可幫助麵包膨脹並提升層次感。雖然可直接與其他材料混合使用，但若接觸到糖或鹽，就會影響發酵效果，使用時應多加留意。酵母的種類分別有生酵母、乾酵母、速發乾酵母等。生酵母的水分含量高，需冷藏保存，有效期限也較短。一般家庭建議使用這種由生酵母乾燥後，減少 5～6% 含水量，且冷凍保存期間較長的速發乾酵母。1/4 茶匙的速發乾酵母大約為 1g。

有機褐色冰糖

舖撒在沙布雷餅乾表面烘焙，可產生清甜爽脆的口感。可用有機二號砂糖替代。

黑糖

代替一般紅糖使用。天然的微甜香氣，比人工焦糖更引人入勝。

泡打粉

糕點類的膨脹劑，通常使用於蛋糕、餅乾、瑪芬蛋糕等需要增大體積的品項。過度使用泡打粉可能出現特殊的皂味，應精準斟酌使用量。烘焙用小蘇打粉也具有相同的目的和用途。

伯爵茶包

伯爵茶通常使用於貝殼蛋糕、戚風蛋糕或一般蛋糕餅乾中。建議先用篩網過濾，避免產生粗糙難嚼的口感。

肉桂粉

添加於肉桂捲或餅乾類中，以增添香氣。也可與蜂蜜混合，加入茶飲中享用。

脫脂奶粉
將牛奶乾燥後製成的粉狀物，可以一般牛奶替代。但牛奶中依然有 10%左右的固態奶粉，使用的分量必須按照比例更改。譬如：原本應添加 5g 脫脂奶粉和 60g 水的品項，以牛奶替代後應改為牛奶 50g、水 15g。

鮮奶油
用無添加物 100%純牛奶鮮奶油，才能做出清爽零負擔的好滋味。

原味優格
也能在家自製，但含糖量有差異。

酸奶油
添加於蛋糕中可使口感更加鬆軟。可用優格鮮奶油替代。

含糖煉乳
煉乳可增添餅乾的奶香與甜味。萬一臨時沒有煉乳，可先將牛奶倒入鍋中煮沸，分量逐漸縮減至 1/3 後，加入牛奶分量 30%的砂糖，繼續加熱到濃稠狀，離火放涼後即可使用。

鮮奶
雖然可使用烘焙用低脂牛奶，若非健康因素考量，還是一般鮮奶的風味最佳。

奶油起司
每個品牌的味道和軟硬度不一，但放入烤箱中加熱時，並不會產生太大的差異，選擇方便購買的商品即可。

奶油
一般較常使用無鹽奶油。目前市面出現混合乳瑪琳和奶油而成的調和奶油商品，選購時請多注意成分標示，以 100%純牛奶奶油為佳。

帕達諾乳酪
通常使用於花椰菜餐包捲、佛卡夏、起司餅乾等，可用帕瑪森起司粉取代。

蒙特利傑克起司
蒙特利傑克起司屬於巧達起司的一種，口感濕潤滑嫩，主要使用於披薩配料。部分可用巧達起司或巧達起司片替代。

蘭姆酒
用於消除香草精、乳製品或雞蛋的腥味，開封後應立即冷藏保存。

卡魯哇咖啡香甜酒
Kahlua 是以龍舌蘭酒、咖啡和糖等原料製成的墨西哥產咖啡香甜酒，開封後應冷藏保存。

植物油
烘焙用香氣較淡的葡萄籽油、芥花油、葵花油等。

玉米罐頭
本書使用比美國玉米罐頭稍微不甜、口感軟，但不影響脆口美味的韓國玉米罐頭。

黑橄欖
以蒸餾水和鹽醃漬的罐頭黑橄欖，具有強烈的鹹味，若想要清淡一點，可先浸泡清水後使用。

洋槐花蜜
香氣較淡的蜜類，適合用於烘焙。

香草精
可直接使用市售產品，但也可以香草莢 15 個與伏特加 750ml 浸泡熟成 3 個月以上，就是最棒最美味的香草精。

楓糖漿
以楓樹漿加熱濃縮後的產品，開封後應冷藏保存。若買到大分量商品，可於有效期限剩下一半時，倒入鍋中煮沸後保存。

❶ 葡萄乾

以滾水稍微汆燙，再清水沖洗，清除
表面異物，以篩網瀝乾後浸泡於紅酒
中，放入冰箱冷藏保存為佳。

❷ 山核桃

有獨特的滋味與香氣，通常使用於製
作水果塔或餅乾。

❸ 黑巧克力

適量儲備可可含量偏高的鈕扣型調溫
巧克力，可運用於巧克力回火處理，
也能在製作餅乾時替代巧克力豆。

❹ 杏仁片

冷凍或冷藏保存杏仁片，使用前先置
於室溫下解凍，再平鋪烤盤中，以事
先預熱好的烤箱加熱至金黃色，就能
增添杏仁片的風味與視覺美感。

❺ 杏仁果

越新鮮風味越佳。若需長時間保存，
應置於冷凍庫，使用前以室溫解凍，
再平鋪於烤箱中，以事先預熱好的烤
箱加熱至金黃色。

❻ 碎杏仁

若需長時間保存，應置於冷凍庫，使
用前以室溫解凍，再平鋪於烤箱中，
以事先預熱好的烤箱加熱至金黃色。

❼ 南瓜籽

南瓜籽冷凍或冷藏保存的情況變得越
來越普遍。使用前應先靜置室溫下解
凍，再平鋪於烤盤中，以事先預熱好
的烤箱加熱至金黃色。

❽ 碎核桃

可直接用，我喜歡用滾水微汆燙，瀝
乾放先預熱烤箱，加熱至表面上色。
注意瀝乾程度，烘烤時間也不一。

❾ 蔓越莓乾

使用前先以滾水稍微汆燙，再以清水
沖洗數次，徹底清除表面異物，以篩
網瀝乾後，浸泡於柳橙汁中達 1 天以
上。使用後應冷凍保存。

無糖可可粉

部分便宜商品可能摻雜灰塵或雜質，應
盡可能選購風味佳、值得信賴的商品。

冷凍藍莓

使用前應放入篩網中以冷水洗淨。

麥芽糖

若在製作紅豆麵包時以麥芽糖取代
麥芽水飴（麥芽糖的一種），就能
品嘗到令人懷念的古早味。

有機雞蛋

應冷藏保存，建議使用前 30 分鐘取出並靜置
於室溫下。若無法事先讓雞蛋回溫，則可於計
量後以中低溫水加熱。

親力親為的手作配料

簡易甜栗調理法、核桃的前置處理，以及做出香甜綿密的紅豆餡步驟。

甜栗調理法

材料：去殼、汆燙後的栗子 100g、水 60g、
　　　有機二號砂糖 40g。

作法：

❶ 將有機二號砂糖和水放鍋中，待二號砂糖溶
　解後放汆燙過的栗子，以小火煮熟。

❷ 烹煮時水分會逐漸減少，所以應適時加入少
　許清水，持續煮到栗子完全軟化，糖漿變得
　濃稠。

❸ 靜置放涼後，裝入密封容器並以冷藏保存。

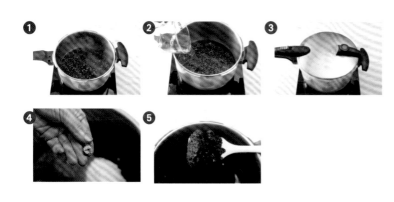

紅豆餡製作

材料：紅豆 250g、水 700g、有機二號砂糖
　　　65g、麥芽糖 210g、鹽 2g

作法：

❶ 將紅豆浸泡清水一晚，再放入壓力鍋中，加
　入分量充足的水煮滾。

❷ 將煮過的水倒掉，再放入清水 700g。

❸ 蓋上壓力鍋的蓋子，以中火加熱，待鍋蓋上
　的栓子浮起後，再續煮 20 分鐘。

❹ 紅豆完全熟透後，放入有機二號砂糖、麥芽
　糖、鹽，以小火慢煮並不時攪拌。

❺ 持續以小火慢煮至呈現適當濃度。

核桃的前置處理

作法：

❶ 利用滾水除去核桃外皮的苦味與雜質，沸騰
　3～4 分鐘，讓水染上核桃外皮的顏色，並
　重複 2～3 次。

❷ 以篩網瀝乾。

❸ 將核桃均勻平鋪於烤盤中，送進事先預熱至
　150℃的烤箱中烘烤。

❹ 表面上色後取出，放涼後即可使用。若不立
　即使用，務必冷凍保存。

居家烘焙必備基本技法

能讓麵包更好吃的酵母種製作法、奶酥製作法、麵包機揉麵法、免發酵機的簡易發酵法等
居家烘焙必備的幾項技術，以及建議事先熟練的麵團三摺法。

酵母種製作

酵母種意指事先揉好、發酵過的麵團。發酵良好的麵團中需要具備
「保水性」和「平均分布的空氣」，發酵良好的麵團會讓成品的口
感更濕潤柔軟且較具彈性。所有麵包均可添加酵母種，只是稍嫌麻
煩。下列步驟做出來的酵母種約170g，可依據各種麵包的需求使用。

材料：高筋麵粉 104g、鹽 2g、速發乾酵母 1g、水 70g
作法：
❶ 將高筋麵粉、鹽、速發乾酵母放入不鏽鋼盆中拌勻。
❷ 加水拌勻。
❸ 拌揉至粉末完全消失並呈現團狀，移至桌面後繼續揉至 70%。
　（100% 拌揉完成的麵團，表面會產生光澤且變得平滑，而 70%
　程度的麵團則無法完全平滑，還有些許粗糙感。由於製作麵包也
　有揉麵步驟，尚無需揉到 100%）。
❹ 將麵團整形成圓球狀，置於溫暖（約 28℃）處，蓋上濕布或保鮮
　膜防止風乾，靜置發酵 40 分鐘。
❺ 將食指沾滿麵粉，深深插入發酵過後的麵團，觀察孔洞是否不會
　變寬也不會變窄。
❻ 用手按壓發酵完成的麵團，排出發酵產生的氣體。
❼ 放入容器中冷藏，並於 72 小時內使用完畢。

設計專屬發酵箱

製作麵包時，必須經過一次、中間、最後發酵的過程。韓國產製的
麵粉適當發酵條件為溫度 28 ～ 30℃、濕度 75 ～ 80%，夏天的氣
候較易操作，但其他季節就難以符合發酵條件。除了特地買一台專
業發酵箱外，也能利用家中的工具設計成專屬發酵箱。

作法：
❶ 將塑膠整理箱清洗乾淨。
❷ 將一杯熱水放入箱中，與麵團一起發酵 40 ～ 45 分鐘。（氣溫低
　的季節，可將電毯鋪在整理箱底部，設中溫，可維持適當溫度。）
❸ 將食指沾滿麵粉，深深插入發酵過後的麵團，觀察孔洞是否不會
　變寬也不會變窄，確認麵團發酵的效果。

奶酥製作

奶酥原文「streusel」本指撒上細末之意，除了鋪在麵包表面的奶酥，廣義上也意指將奶油、糖及粉類材料混合，烤到表面龜裂粗糙的麵包類。菠蘿麵包就屬這一類，也可鋪在磅蛋糕、杯子蛋糕、派或水果塔上一起烘烤。製作時添加碎核桃或碎杏仁果，能讓口感與風味更有層次。使用食物調理機可大幅簡化製作過程，只要放入所有材料，自動攪拌至結塊即可。

材料：奶油 100g、磨過有機二號砂糖 100g、中筋麵粉 100g、
　　　杏仁果粉 100g

作法：
❶ 將奶油放不鏽鋼盆中回溫軟化，再放磨過有機二號砂糖拌勻。
❷ 放入用篩網過濾後的中筋麵粉與杏仁果粉。
❸ 將橡皮刮刀直立，彷彿用刀切一樣攪拌。若混合狀況不佳，可用雙手翻動攪拌。
❹ 攪拌至結塊油酥狀即可，剩餘的密封後冷凍保存。

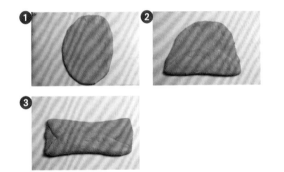

麵團三摺法

將麵團用擀麵棍壓平，再摺三層的整形法稱三摺法。吐司、長棍麵包等，將麵團揉狀似地瓜模樣，就需使用三摺法增添層次感。

作法：
❶ 以麵團中心往上下擀平，排出麵團中的氣體。
❷ 將擀好的麵團摺成三層。

麵包機揉麵法

書中的麵團均以手揉為主，但手揉麵團的出筋現象有限，而且耗費大量體力。可選購沒噪音、價格平實的麵包機。以麵包機揉麵時，麵粉重量不超過 400g，只要使用揉麵部分，無需連接烘焙機能。揉麵時間較長種類，可在第一次揉麵完成後再設定一次。

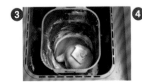

作法：
❶ 將粉類材料放入麵包機的內鍋拌勻。（應避免酵母粉直接接觸到糖和鹽。）
❷ 粉類材料拌勻後，放入水、油、酵母種等其餘材料，將內鍋裝入機體後，設定揉麵功能。
❸ 麵團攪拌至一定程度後放奶油，持續攪拌至麵團變平滑光亮。
❹ 揉麵結束後，將麵團整形成圓球狀，置於溫暖處（28～30℃）並蓋上濕布或保鮮膜防止風乾，靜置 45～50 分鐘進行第一次發酵，直到麵團體積膨脹到兩倍大。（每 100g 高筋麵粉應使用 2g 速發乾酵母。）

Chapter 1
天然發酵麵包

三明治吐司	甜栗吐司	摩卡麵包	核桃捲麵包
牛奶吐司	優格圓吐司	藍莓麵包	馬鈴薯培根硬麵包
鮮奶油吐司	葡萄乾吐司	優格葡萄乾麵包	楓糖麵包
核桃吐司	佛卡夏	春艾草麵包	柚子布里歐
黑豆吐司	米酒酵母麵包	當季洋蔥麵包	韭菜英式瑪芬
胡蘿蔔吐司	火腿蔬菜餐包捲	葡萄乾麵包	長條甜甜圈
菠菜吐司	藍莓餐包	黑芝麻捲麵包	咕咕洛夫
咖啡吐司	菠菜餐包	奶油捲麵包	熱狗甜甜圈
起司吐司	紅豆麵包	檸檬捲麵包	手作黑糖餅

三明治吐司

無論是製作成包夾內餡的三明治，或是趁剛烤出爐，口感極佳的時候，迅速塗抹果醬享用的基本型吐司。由於外型類似 19 世紀工業家 George Pullman 發明的火車車廂，也被稱為「Pullman Bread」。吐司烘焙分成將模具開蓋及不開蓋兩種，開蓋烘焙可讓吐司更加蓬鬆柔軟。

Yield

17.5 × 寬 12.5 × 高 13cm
吐司模具 1 個

Ingredients

高筋麵粉 300g
有機二號砂糖 18g
鹽 6g
速發乾酵母 5g
牛奶 127g
水 70g
酵母種 100g
奶油 18g

Inactive Prep

酵母種：製作方法請見
第 20 頁。

Directions

麵團 ▶

一次發酵：50 分鐘
中間發酵：15 分鐘
最後發酵：模具蓋下方
1cm
烘焙

Oven

以預熱至 190℃的烤箱加
熱 15 分鐘，再以 170℃烘
焙 15 分鐘。

How to make

01 高筋麵粉、有機二
號砂糖、鹽、速發
乾酵母一起放入不鏽鋼盆
中拌勻。

Tips 注意避免讓速發乾酵母
接觸到有機二號砂糖及鹽，
否則會讓酵母失去活性而影
響發酵效果。

02 放牛奶、水、酵母
種，攪拌至完全看
不見粉狀顆粒。

Tips 若未準備酵母種，則可
再放高筋麵粉 60g、鹽 1g、
速發乾酵母 0.7g、水 40g 一
起攪拌。如此微量的材料建
議使用電子量匙。

03 麵團凝結成一大塊
後移至桌面，放入
軟化的奶油，再用手來攪
拌揉麵。

Tips 可先將麵團用手揉數次，
再加入奶油。奶油具有防止
麵團產生麩質的作用，若太
早加入，容易讓成品口感太
硬而失去層次。

04 反覆推、摺、壓、
揉約 20 ～ 25 分鐘，
直到麵團表面產生微小氣
泡，變得平整光滑。

05 將麵團揉成表面平
滑的圓球狀，覆蓋
保鮮膜或濕布以避免麵
團乾燥，靜置於溫熱處
（30℃），一次發酵約 50
分鐘。

06 將食指沾滿麵粉，
深深插入發酵過後
的麵團，觀察孔洞是否不
會變寬也不會變窄，確認
麵團發酵的效果。

Tips 將手指插入麵團並觀察
孔洞是否回彈，這個過程稱
為發酵效果測試。若孔洞回
彈縮小，表示發酵尚未完成；
若孔洞向外擴張，表示麵團
過度發酵。反之，若孔洞維
持手指的模樣不變，則代表
發酵程度適中。

07 確定發酵效果後，將麵團移至桌面並分成兩半（約322g）。

08 用手壓平麵團以排出發酵氣體。

Help me! 用手壓平麵團的步驟是為了排出氣體，並讓大小不一的氣泡變得均勻的必須過程。但若壓得太大力，麵團表面容易撕開破裂而影響二次發酵，甚至會讓成品表面粗糙且體積過小。

09 將麵團揉成表面光滑的圓球狀。

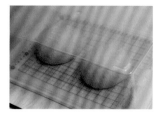

10 蓋上塑膠盒或類似容器，避免麵團乾燥，靜置於室溫中間發酵15分鐘。

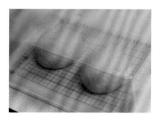

中間發酵後

11 輕輕將麵團揉成圓球狀，稍微排出發酵氣體。

12 以麵團的中央為基準，用擀麵棍來回擀平，同時排出發酵氣體。

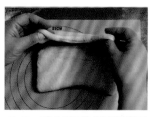

13 將擀平的麵團以三摺法整形。

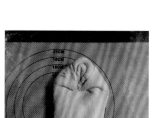

14 將麵團一端摺成三角形。

15 再將麵團一層層捲起來。

16 用手指將麵團接縫處仔細捏緊。

Tips 若要在開啟模具蓋子的狀況下烘焙，卻未將麵團接縫處捏緊，就會因為膨脹的張力而破裂，無法呈現理想的高度與外型。

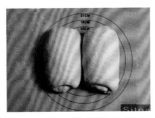

17 另一份麵團也以相同方法處理。

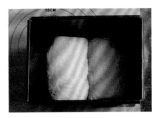

18 吐司模具內部塗上薄薄一層油，將兩份麵團均排放在模具內。

Tips 將整形完成的麵團排列進規定的模具或鐵盤內，在烘焙術語中稱為「裝盤（panning）」。

19 用手背輕輕按壓麵團表面。

20 把麵團靜置溫熱處（30℃）把麵團做做最後發酵，直到麵團膨脹到模具蓋下方的 1cm。

21 蓋上模具蓋。

22 放進先預熱至 190℃的烤箱中加熱 15 分鐘，再調整至 170℃烘焙15 分鐘。

Tips 烤箱的溫度受到許多因素影響，即使按照指示的溫度烘焙，也有失敗的可能性。先以預熱的溫度加熱一段時間，觀察麵包的上色狀況，再適度調整烤箱溫度為佳。也可使用烘焙材料行販售的烤箱溫度計。

23 烘焙完成後，就抽除模具，靜置於架上放涼。

牛奶吐司

因為孩子們不喜歡喝牛奶,做麵包的時候總是會放入大量鮮奶,希望他們在品嘗美味麵包的同時,也能吸收到牛奶的養分。除此之外,這也是處理快過期牛奶或冷凍牛奶的好方法。

Yield

長 21.5 × 寬 9.5 × 高 9cm
吐司模具 1 個

Ingredients

高筋麵粉 300g
有機二號砂糖 20g
鹽 6g
速發乾酵母 5g
牛奶 215g
奶油 24g
牛奶蛋液 少許

Inactive Prep

牛奶蛋液：有機雞蛋與等量牛奶混合拌
勻，即可製成牛奶蛋液。實際使用量比
想像更少，請勿準備過多。

Directions

麵團▶
一次發酵：45 ～ 50 分鐘
中間發酵：15 分鐘
最後發酵：與模具同高
烘焙

Oven

以預熱至 180℃的烤箱加熱 15 分鐘，再
以 160℃烘焙 10 ～ 15 分鐘。

How to make

01 將高筋麵粉、有機
二號砂糖、鹽、速
發乾酵母等粉狀材料放入
不鏽鋼盆中拌勻。

Tips 注意避免讓速發乾酵母
接觸到二號砂糖及鹽，否則
會讓酵母失去活性而影響發
酵效果。

02 粉狀材料拌勻後放
入牛奶，攪拌至完
全看不見粉狀顆粒，並凝
結成團狀。

03 將麵團移至桌面，
放入軟化的奶油。

04 反覆推、摺、壓、
揉約 20 ～ 25 分鐘，
直到麵團表面產生微小氣
泡，變得平整光滑。

05 用手拉扯麵團，確
定麵團充分出筋，
手指無法輕易穿過。

06 將麵團揉成表面平
滑的圓球狀後放入
不鏽鋼盆中，覆蓋保鮮膜
或濕布以避免麵團乾燥，
靜置於溫熱處（30℃），
一次發酵約 45 ～ 50 分鐘。

07 將食指沾滿麵粉，深深插入發酵過後的麵團，觀察孔洞是否不會變寬也不會變窄，確認麵團發酵的效果。

08 用手按壓發酵後的麵團以排出氣體。

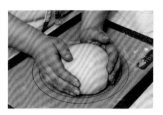

09 將麵團揉成表面光滑的圓球狀。

10 蓋上不鏽鋼盆或類似容器，避免麵團乾燥，靜置於室溫中間發酵 15 分鐘。

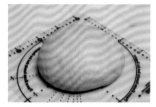

中間發酵後

11 用手按壓麵團，排出中間發酵產生的氣體，再用雙手或擀麵棍將麵團壓成橢圓狀。

12 將橢圓形的麵團以三摺法整形。

13 將麵團一端摺成三角形。

14 再將麵團一層層捲起來。

15 用手指將麵團接縫處仔細捏緊。

16 將吐司模具內部塗上薄薄一層油，再將麵團平整地放入模中。

17 蓋上塑膠盒或類似容器，防止麵團乾燥，靜置於溫熱處（30℃）最後發酵，直到麵團膨脹到與模具同高。

Tips 最後發酵完成後，在麵團表面刷上牛奶蛋液，可使成品散發晶瑩光澤。

18 放進先預熱至 180℃的烤箱中加熱 15 分鐘，再調整至 160℃烘焙 10 ～ 15 分鐘。

19 烘焙完成後抽除吐司模具，靜置於架上放涼。

鮮奶油吐司

製作蛋糕剩餘的鮮奶油，通常用來製作白醬義大利麵或濃湯，這次就試試鮮奶油吐司。鮮奶油吐司與一般吐司不同，口感更鬆軟、綿密，再搭配媽媽手作的低糖草莓醬或蘋果醬，美味加分。

將水果的果肉和 50～60%分量的糖一起熬煮，再加入少許檸檬汁拌勻，即為健康美味的自製果醬。

Yield

長 21.5 × 寬 9.5 × 高 9cm
吐司模具 1 個

Ingredients

高筋麵粉 300g
有機二號砂糖 23g
鹽 5g
速發乾酵母 5g
水 58g
牛奶 84g
鮮奶油 98g

Directions

麵團 ▶

一次發酵：45 ～ 50 分鐘
中間發酵：15 分鐘
最後發酵：超過模具 0.5cm
烘焙

Oven

以預熱至 180℃的烤箱加熱 10 分鐘，再
以 160℃烘焙 15 ～ 20 分鐘。

How to make

01 將高筋麵粉、有機二號砂糖、鹽、速發乾酵母等粉狀材料放入不鏽鋼盆中拌勻。

Tips 注意避免讓速發乾酵母接觸到二號砂糖及鹽。

02 粉狀材料拌勻後，再放入牛奶、水、鮮奶油。

03 攪拌至完全看不見粉狀顆粒，並凝結成團狀。

04 將麵團移至桌面，反覆推、摺、壓、揉約 20 ～ 25 分鐘，直到麵團表面產生微小氣泡，變得平整光滑。

05 將麵團揉成表面平滑的圓球狀後放入不鏽鋼盆中，覆蓋保鮮膜或濕布以避免麵團乾燥，靜置於溫熱處（30℃）一次發酵約 45 ～ 50 分鐘。

06 將食指沾滿麵粉，深深插入發酵過後的麵團，觀察孔洞是否不會變寬也不會變窄，確認麵團發酵的效果。

07 用手按壓發酵後的麵團以排出氣體。

08 將麵團揉成表面光滑的圓球狀。

09 蓋上不鏽鋼盆或類似容器，避免麵團乾燥，靜置於室溫中間發酵 15 分鐘。

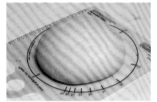

中間發酵後

10 以麵團的中央為基準，用擀麵棍來回將麵團擀成橢圓狀，同時排出發酵氣體。

11 將橢圓狀的麵團以三摺法整形。

12 將麵團一端摺成三角形。

13 再將麵團一層層捲起來。

14 用手指將麵團接縫處仔細捏緊。

15 將吐司模具內部先塗抹上薄薄的一層油，再將麵團平整地放入模具中。

16 麵團保濕處理後，靜置於溫熱處（30℃）進行最後發酵，直到麵團膨脹超過模具 0.5cm。

Tips 最後發酵時的麵團保濕處理，若以濕布或保鮮膜覆蓋，會容易沾黏在麵團上，應蓋上塑膠盆或是類似容器為佳。

17 放進先預熱至 180℃的烤箱中加熱 10 分鐘，再調整至 160℃烘焙 15～20 分鐘。

18 烘焙完成後抽除掉模具，靜置於架上放涼。

Tips 單純使用麵粉製成的吐司，很難呈現宛如雞胸肉般密集堆疊的層次，但添加鮮奶油後，口感就會變得特別蓬鬆柔軟。

核桃吐司

將讓人頭好壯壯的核桃放進吐司中，讓家人享受健康又香甜的早餐。一般麵粉製成的麵包有個缺點，就是老化迅速。所謂的老化現象，就是麵包變得乾硬，不再蓬鬆柔軟。我以添加酵母種來解決這個問題，但部分市售麵包會為了防止老化而添加乳化劑或改良劑，選購時應多加留意。

Yield
長 21.5 × 寬 9.5 × 高 9cm
吐司模具 1 個

Ingredients

高筋麵粉 237g
有機二號砂糖 20g
鹽 4.5g
速發乾酵母 5g
牛奶 79g
有機雞蛋 21g
水 55g
蜂蜜 16g
酵母種 72g
奶油 27g
核桃 133g
牛奶蛋液 少許

Inactive Prep
●核桃處理：製作方法請見
第 19 頁。
●酵母種：製作方法請見第
20 頁。
●牛奶蛋液：製作方法請見
第 29 頁。

Directions
麵團▶
一次發酵：45 ～ 50 分鐘
中間發酵：15 分鐘
最後發酵：超過模具 1cm
烘焙

Oven
以預熱至 180℃的烤箱加
熱 10 分鐘，以 160℃烘焙
20 ～ 25 分鐘。

How to make

01 將高筋麵粉、有機二號砂糖、鹽、速發乾酵母放入不鏽鋼盆中拌勻。

Tips 注意避免讓速發乾酵母接觸到二號砂糖及鹽。

02 材料拌勻後，放入牛奶、有機雞蛋、水、蜂蜜、酵母種，攪拌至完全看不見粉狀顆粒。

Tips 若未準備酵母種，則可再放高筋麵粉 43g、鹽 0.8g、速發乾酵母 0.5g、水 29g 一起攪拌。如此微量的材料建議使用電子量匙。

03 麵團凝結成一大塊後移至桌面，放入軟化的奶油。

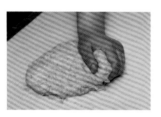

04 反覆推、摺、壓、揉約 20 ～ 25 分鐘，直到麵團表面產生微小氣泡，變得平整光滑。

05 放入核桃。

06 把麵團揉成表面平滑的圓球狀後放入不鏽鋼盆中，覆蓋保鮮膜或濕布以避免麵團乾燥，靜置於溫熱處（30℃）一次發酵約 45 ～ 50 分鐘。

07 食指沾滿麵粉，深深插入發酵過後的麵團，觀察孔洞是否不會變寬也不會變窄，確認麵團發酵的效果。

08 雙手按壓發酵後的麵團以排出氣體。

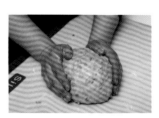

09 把麵團揉成表面光滑的圓球狀。

10 蓋上不鏽鋼盆或類似容器，避免麵團乾燥，靜置於室溫中間發酵 15 分鐘。

中間發酵前

中間發酵後

11 雙手交疊用力按壓麵團，排出中間發酵產生的氣體。

12 將麵團以三摺法的方式整形。

Tips 此時麵團朝上的一面暫時反過來朝下，因為發酵膨脹而變得更加光滑飽滿的表面，才能在最後成為麵包的正面。

13 將麵團一端摺成三角形。

14 再將麵團一層層捲起來。

15 手指將麵團接縫處仔細捏緊。

Tips 若未將接縫處確實捏緊，烘焙時就會因為麵團膨脹的張力而破裂，無法呈現理想的高度與外型。

16 將吐司模具內部塗上薄薄一層油，再將麵團平整放入模具中，並以手背輕輕按壓。

17 把麵團置於溫熱處（30℃）再進行最後發酵，直到麵團的膨脹超過模具 1cm。

Tips 最後發酵完成後，在麵團表面刷上牛奶蛋液，可使成品散發晶瑩光澤。

18 放進先預熱至 180℃的烤箱中加熱 10 分鐘，再調整至 160℃烘焙 20 ～ 25 分鐘。

19 烘焙完成後抽除掉模具，靜置於架上放涼。

黑豆吐司

面對患有異位性皮膚炎又相當偏食的孩子，我總是想盡辦法騙他們吃下有益身體健康卻不被孩子們喜歡的黑豆。沒想到黑豆吐司成了我的救星，連喜好中式餐點的父母也讚不絕口。希望這款吐司也能讓您在家中聽到「好吃！太好吃了！」的悅耳讚嘆聲。

Yield

長 21.5 × 寬 9.5 × 高 9cm
吐司模具 1 個

Ingredients

高筋麵粉 300g
有機二號砂糖 20g
鹽 6g
速發乾酵母 5g
煮過黑豆的水 195g
葡萄籽油 19g
黑豆 90g，煮熟、切丁

Inactive Prep

將乾黑豆 38g 泡水 5 ～ 6
小時，與清水 200g 一起煮
沸 10 分鐘，放涼切丁。

Directions

麵團▶

一次發酵：45 ～ 50 分鐘
中間發酵：15 分鐘
最後發酵：與模具同高
烘焙

Oven

預熱至 180℃ 烤箱加熱 10
分鐘，再以 160℃ 烘焙 15
分鐘。

How to make

01 高筋麵粉、有機二
號砂糖、鹽、速發
乾酵母一起放入不鏽鋼盆
中拌勻。

Tips 注意避免讓速發乾酵母
接觸到二號砂糖及鹽。

02 粉狀材料拌勻後，
放入煮過黑豆的水
及葡萄籽油。

03 攪拌至完全看不到
粉狀顆粒，並凝結
成一大塊後移至桌面，開
始以雙手揉麵。

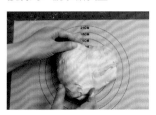

04 反覆推、摺、壓、
揉約 20 ～ 25 分鐘，
直到麵團表面產生微小氣
泡，變得平整光滑。

05 鋪上完成汆燙並切
丁的黑豆。

06 將麵團與黑豆混合
均勻。

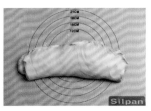

混合材料的方法

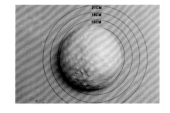

07 將麵團揉成表面平
滑的圓球狀後放入
不鏽鋼盆中，覆蓋保鮮膜
或濕布以避免麵團乾燥，
靜置於溫熱處（30℃），
一次發酵約 45 ～ 50 分鐘。

08 將食指沾滿麵粉，
深深插入發酵過後
的麵團，觀察孔洞是否不
會變寬也不會變窄，確認
麵團發酵的效果。

09 確認發酵效果後，
將麵團移至桌面，
用雙手按壓以排出氣體。

10 將麵團揉成表面光
滑的圓球狀。

11 蓋上不鏽鋼盆或類似容器，避免麵團乾燥，靜置於室溫中間發酵 15 分鐘。

中間發酵前

中間發酵後

12 再次用手按壓，排出中間發酵產生的氣體，再用雙手或擀麵棍將麵團壓成橢圓狀。

13 將麵團以三摺法的方式整形。

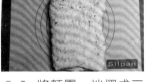

14 將麵團一端摺成三角形。

15 再將麵團一層層捲起來，奠定麵包的基本模樣。

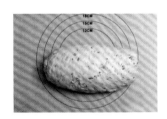

16 用手指將麵團接縫處仔細捏緊。

17 將吐司模具內部塗上薄薄一層油，再將麵團平整地放入模中，並以手背輕輕按壓。

18 把麵團靜置於溫熱處（30℃）進行最後發酵，直到麵團膨脹與模具同高。

Tips 二次發酵時的麵團保濕處理，若以濕布或保鮮膜覆蓋，容易沾黏在麵團上，應蓋上不鏽鋼盆、塑膠盆或類似容器為佳。

19 放進先預熱至 180℃的烤箱中加熱 10 分鐘，再調整至 160℃烘焙約 15 分鐘。

20 烘焙完成後抽除掉模具，靜置於架上放涼。

胡蘿蔔吐司

將現煮新鮮的胡蘿蔔放入吐司，不僅能在咀嚼時感受到胡蘿蔔的香氣，顏色也很討喜，或是將胡蘿蔔吐司撕碎放入泡好的牛奶中，製成營養的離乳食品。天然健康的食品受到孩子們的歡迎，媽媽的心情就非常輕鬆。

Yield

長 21.5 × 寬 9.5 × 高 9cm
吐司模具 1 個

Ingredients

高筋麵粉 300g
有機二號砂糖 25g
脫脂奶粉 12g
鹽 6g
速發乾酵母 5g
有機胡蘿蔔泥 75g
煮胡蘿蔔的水 155g
奶油 15g

Inactive Prep

● 有機胡蘿蔔泥：先將有機胡蘿蔔（約 80g）放入鍋中，注入充足的清水，持續烹煮到胡蘿蔔變軟，再將胡蘿蔔撈起備用。
● 煮胡蘿蔔的水若少於指定分量，可用清水補充。

Directions

麵團▶

一次發酵：45 ～ 50 分鐘
中間發酵：15 分鐘
最後發酵：超過模具 0.5cm
烘焙

Oven

以預熱至 180℃ 的烤箱加熱 10 分鐘，再以 160℃ 烘焙 15 ～ 20 分鐘。

How to make

01 將高筋麵粉、有機二號砂糖、鹽、速發乾酵母放入不鏽鋼盆中拌勻。

Tips 注意避免讓速發乾酵母接觸到二號砂糖及鹽。

02 粉狀材料拌勻後，放入煮胡蘿蔔的水及胡蘿蔔泥拌勻。

03 攪拌至完全看不到粉狀顆粒，呈現一大塊團狀後，將麵團移至桌面並放入軟化的奶油。

04 反覆推、摺、壓、揉約 20 ～ 25 分鐘，直到麵團表面產生微小氣泡，變得平整光滑。

05 將麵團揉成表面平滑的圓球狀後放入不鏽鋼盆中，覆蓋保鮮膜或濕布以避免麵團乾燥，靜置於溫熱處（30℃）一次發酵約 45 ～ 50 分鐘。

06 將食指沾滿麵粉，深深插入發酵過後的麵團，觀察孔洞是否不會變寬也不會變窄，確認麵團發酵的效果。

07 雙手按壓發酵後的麵團以排出氣體。

08 將麵團揉成表面光滑的圓球狀。

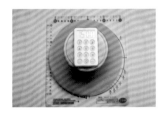  

中間發酵前 **中間發酵後**

09 蓋上不鏽鋼盆或類似容器，避免麵團乾燥，靜置於室溫中間發酵 15 分鐘。

 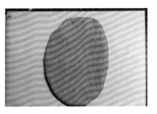  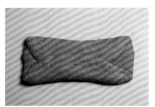

10 再次用雙手按壓麵團，排出中間發酵產生的氣體。

11 用雙手或擀麵棍將麵團壓成橢圓狀。

12 將麵團以三摺法的方式整形。

13 將麵團由上方或下方側邊捲起。

14 用手指將麵團接縫處仔細捏緊。

15 將吐司模具內部塗上薄薄一層油，再將麵團平整放入模具中，並以手背輕輕按壓。

16 把麵團靜置溫熱處（30℃）進行最後發酵，直到麵團膨脹超過模具 0.5cm。

Tips 最後發酵時的麵團保濕處理，若以濕布或保鮮膜覆蓋，容易沾黏在麵團上，應蓋上塑膠盆、不鏽鋼盆或類似容器為佳。

17 放進先預熱至 180℃的烤箱中加熱 10 分鐘，再調整至 160℃烘焙 15 ～ 20 分鐘。

18 烘焙完成後抽除掉模具，靜置於架上放涼。

菠菜吐司

將菠菜燙熟，用調理機加水打碎，就能做為營養滿分又特別的吐司材料。用青綠色的菠菜吐司製作三明治，不僅能添加咬勁與口感，還能讓食物看起來更精緻漂亮，完全喚醒孩子們的食欲。另外，若將步驟中的起司刪除，再將成品磨成麵包粉，就可以當成豬排或炸物的麵衣。

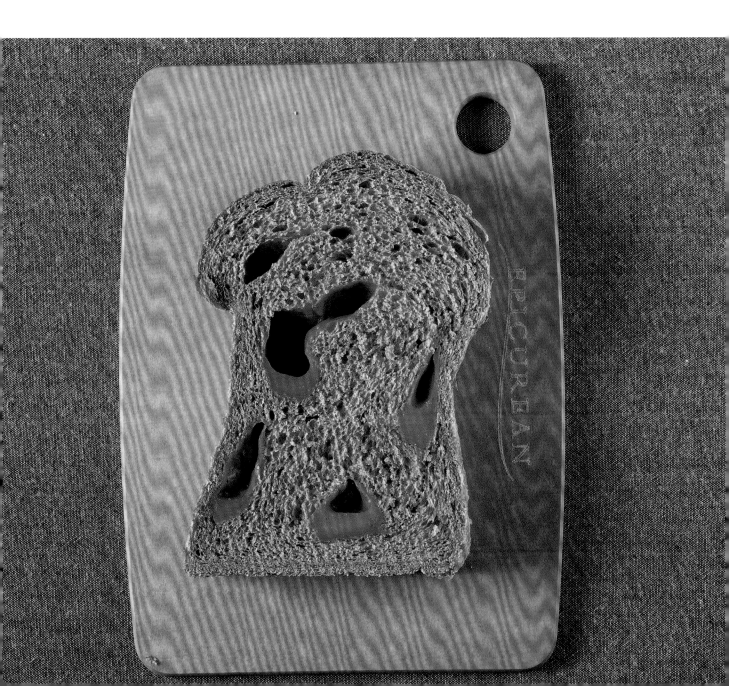

Yield

長 21.5 × 寬 9.5 × 高 9cm
吐司模具 1 個

Ingredients

高筋麵粉 300g
有機二號砂糖 30g
脫脂奶粉 16g
帕馬森起司粉 10g
鹽 5g
速發乾酵母 5g
菠菜汁 232g
奶油 28g
方塊起司 120g

Inactive Prep

●菠菜汁：將菠菜汆燙瀝乾，
準備 76g 放食物調理機，
倒清水約 160g 一起絞碎。
●方塊起司：將 5 張起司片
疊放，用保鮮膜包起後壓上
重物，再將被壓成一大塊的
起司切成方塊狀。

Directions

麵團▶
一次發酵：45 ～ 50 分鐘
中間發酵：15 分鐘
最後發酵：超過模具 1cm
烘焙

Oven

預熱至 180℃烤箱加熱 10
分鐘，以 160℃烘焙 15 ～
20 分鐘。

How to make

01 將高筋麵粉、有機二號砂糖、脫脂奶粉、帕馬森起司粉、鹽、速發乾酵母放入食物調理機中拌勻。

Tips 注意避免讓速發乾酵母接觸到二號砂糖及鹽。

02 粉狀材料拌勻後，將不鏽鋼盆裝入機體，再放入事先準備好的菠菜汁。

03 以低速攪拌。

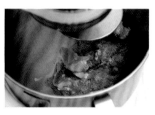
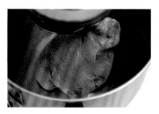

04 持續以低速攪拌，直到完全看不見粉狀顆粒，呈現一大塊的麵團狀。

05 放入軟化的奶油。

06 奶油完全拌勻後，將調理機設定成中速，持續攪拌 13 ～ 15 分鐘，直到麵團表面產生微小氣泡，變得平整光滑。

07 麵團揉成表面平滑圓球狀後放不鏽鋼盆中，覆蓋保鮮膜或濕布以避免麵團乾燥，靜置於溫熱處（30℃）一次發酵約 45 ～ 50 分鐘。

08 將食指沾滿麵粉，深深插入發酵過後的麵團，觀察孔洞是否不會變寬也不會變窄，確認麵團發酵的效果。

09 用雙手按壓發酵後的麵團以排出裡面的氣體。

10 將麵團揉成表面光滑的圓球狀。

11 蓋上不鏽鋼盆或類似容器，避免麵團乾燥，靜置於室溫中間發酵 15 分鐘。

中間發酵前

中間發酵後

12 再次用雙手按壓麵團，排出中間發酵產生的氣體，並將麵團壓成橢圓狀。

13 將橢圓狀的麵團以三摺法整形。

14 切成四方塊的起司均勻鋪在麵團上。

Tips 方塊起司製作方法請見第 44 頁「Inactive Prep」。

15 將麵團一端摺成三角形。

16 然後將麵團一層層捲起來。

17 用手指將麵團接縫處仔細捏緊。

18 將吐司模具內部塗上薄薄一層油，再將麵團平整地放入模具中，並以手背輕輕按壓。

Tips 若沒有調理機而須以雙手揉麵，則將粉狀材料放入不鏽鋼盆中拌勻、加入菠菜汁後，反覆推、摺、壓、揉約 20 ～ 25 分鐘，直到麵團表面產生微小氣泡，變得平整光滑。

19 蓋上塑膠盒或類似容器，防止麵團乾燥，靜置於溫熱處（30℃）最後發酵，直到麵團膨脹到超過模具 1cm。

20 放進先預熱至 180℃ 的烤箱中加熱 10 分鐘，再調整至 160℃ 烘焙 15 ～ 20 分鐘。

21 烘焙完成後抽除掉模具，靜置於架上放涼。

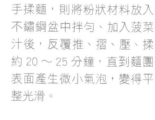

咖啡吐司

散發香醇咖啡味道的吐司，實在令人難以抗拒。除了直接享用，做成法國吐司也別具風味。或是依據個人喜好，將咖啡粉換成南瓜粉或綠茶粉，變化出各種獨特的口味。

Yield

長 21.5 × 寬 9.5 × 高 9cm
吐司模具 1 個

Ingredients

咖啡麵團

高筋麵粉 150g
有機二號砂糖 16g
鹽 2.5g
速發乾酵母 2.5g
即溶咖啡粉 2g
牛奶 56g
鮮奶油 25g
有機雞蛋 21g
奶油 11g

白麵團

高筋麵粉 150g
有機二號砂糖 16g
鹽 2.5g
速發乾酵母 2.5g
牛奶 56g
鮮奶油 25g
有機雞蛋 21g
奶油 11g

Directions

麵團▶

一次發酵：45 ～ 50 分鐘
中間發酵：15 分鐘
最後發酵：與模具同高
烘焙

Oven

以預熱至 180℃的烤箱加熱
10 分鐘，再以 160℃烘焙
20 分鐘。

How to make

01 將兩種麵團的高筋麵粉、有機二號砂糖、鹽、速發乾酵母各別放入不同的不鏽鋼盆中拌勻，並於咖啡麵團的不鏽鋼盆中放入即溶咖啡粉。

Tips 注意避免讓速發乾酵母接觸到二號砂糖及鹽。

02 粉狀材料拌勻後，各別加入牛奶、鮮奶油、有機雞蛋，攪拌至完全看不到粉狀顆粒，呈現一大塊麵團狀。

03 將兩種麵團移至桌面，各別加入軟化的奶油。

04 奶油混合均勻後，持續反覆推、摺、壓、揉約 20 ～ 25 分鐘，直到麵團表面產生微小氣泡，變得平整光滑。

05 將麵團揉成表面平滑的圓球狀後放入不鏽鋼盆中，覆蓋保鮮膜或濕布以避免麵團乾燥，靜置於溫熱處（30℃）一次發酵約 45 ～ 50 分鐘。

06 將食指沾滿麵粉，深深插入發酵過後的麵團，觀察孔洞是否不會變寬也不會變窄，確認麵團發酵的效果。

Tips 將手指插入麵團並觀察孔洞是否回彈，這個過程稱為發酵效果測試。若孔洞回彈縮小，表示發酵尚未完成；若孔洞向外擴張，表示麵團過度發酵。反之，若孔洞維持手指的模樣不變，則代表發酵程度適中。

07 將發酵完成的麵團移至桌面，用雙手按壓以排出氣體。

08 將麵團揉成表面光滑的圓球狀。

09 蓋上塑膠盆或類似容器，避免麵團乾燥，靜置於室溫中間發酵15分鐘。

中間發酵前

中間發酵後

10 再次用雙手按壓麵團，排出中間發酵產生的氣體，並將麵團壓成橢圓狀。

11 將麵團層層捲起。

12 用手指將麵團接縫處仔細捏緊。

13 將手輕輕壓在麵團上滾動，讓麵團往兩側逐漸變長。

14 將咖啡麵團和白麵團都滾成長約30cm的長條狀。

15 將咖啡麵團和白麵團互相捲成長度與模具相當的麻花狀。

16 將吐司模具內部塗上薄薄一層油，再將麵團平整放入模具中。

17 將麵團靜置於溫熱處（30℃）最後發酵，直到麵團膨脹到與模具同高。

Tips 最後發酵時的麵團保濕處理，以濕布或保鮮膜覆蓋，容易沾黏在麵團上，應蓋上塑膠盆或類似容器為佳。

18 放進先預熱至180℃的烤箱中加熱10分鐘，再調整至160℃烘焙15～20分鐘。

19 烘焙完成後抽除掉模具，靜置於架上放涼。

起司吐司

美味無需贅述的起司吐司,若採用巧達起司或蒙特利傑克起司,風味與層次都會更加豐富,不過只要是平常用於製作早餐或點心的市售起司片,就足以擄獲孩子們的心。

Yield

長 21.5cm× 寬 9.5cm× 高 4cm
吐司模具 1 個

Ingredients

高筋麵粉 250g
全麥麵粉 39g
有機二號砂糖 25g
鹽 5g
速發乾酵母 5g
胡椒粉 0.5 ～ 1g
牛奶 116g
有機雞蛋 79g
奶油 65g
起司片 144g
牛奶蛋液 少許

Inactive Prep

●方塊起司：製作方法請見第 44 頁。

●牛奶蛋液：製作方法請見第 29 頁。

Directions

麵團▶
一次發酵：50 分鐘
中間發酵：15 分鐘
最後發酵：超過模 1cm
烘焙

Oven

預熱至 170 ～ 180℃烤箱加熱 10 分鐘，再以 160℃烘焙 15 ～ 20 分鐘。

How to make

01 將高筋麵粉、全麥麵粉、有機二號砂糖、鹽、速發乾酵母、胡椒粉放不鏽鋼盆中拌勻。

Tips 注意避免讓速發乾酵母接觸到二號砂糖及鹽。

02 粉狀材料拌勻後，放牛奶、有機雞蛋，攪拌至完全看不見粉狀顆粒，呈現一大塊麵團狀。

03 麵團凝結成一大塊後移至桌面，用手稍微揉麵後，再加入軟化的奶油。

04 奶油完全混入後，持續反覆推、摺、壓、揉約 20 ～ 25 分鐘，直到麵團表面產生微小氣泡，變得平整光滑。

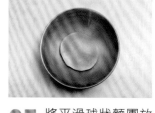

05 將平滑球狀麵團放不鏽鋼盆中，覆蓋保鮮膜或濕布避免麵團乾燥，置溫熱處（30℃）一次發酵約 50 分鐘。

06 將食指沾滿麵粉，插入發酵過後的麵團，觀察孔洞是否不會變寬變窄，確認發酵的效果。

07 將麵團移至桌面，雙手按壓排氣體。

Tips 若孔洞回彈縮小，表示發酵尚未完成；若孔洞向外擴張，表示麵團過度發酵。反之，若孔洞維持手指的模樣不變，代表發酵程度適中。

08 將麵團揉成表面光滑的圓球狀。

09 蓋上不鏽鋼盆或類似容器，避免麵團乾燥，靜置於室溫中間發酵 15 分鐘。

中間發酵前

中間發酵後

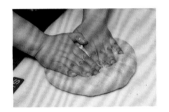   

10 雙手用力按壓麵團，以排出中間發酵產生的氣體，並將麵團壓成橢圓狀。

11 將麵團以三摺法的方式整形。

12 將方塊狀的起司均勻鋪在麵團上。

13 將麵團一端摺成三角形。

14 再將麵團一層層的捲起來。

15 用手指將麵團接縫處仔細捏緊。

16 將吐司模具內部塗上薄薄一層油，再將麵團平整放入模具中，並以手背輕輕按壓。

17 靜置溫熱處（30℃）進行最後的發酵，直到麵團膨脹後超過模具 1cm。

Tips 最後發酵完成後，在麵團表面刷上牛奶蛋液，可使成品散發晶瑩光澤。

18 放進先預熱至 170 ～ 180℃的烤箱中加熱 10 分鐘，再調整至 160℃烘焙 15 ～ 20 分鐘。

Tips 烤箱構造因素，麵包上方表面顏色特別深，可覆蓋多層烘焙紙調整上色程度。

19 烘焙完成後抽除掉模具，靜置於架上放涼。

甜栗吐司

用親手調理的甜栗，讓親手烘焙的吐司更美味。製作這款吐司的時候，總讓我想起小時候，手握著從巷口買回來的麵包，全速衝回家裡享用的回憶。除甜栗外，也可以用調味過的地瓜代替。

Yield

長 21.5 × 寬 9.5 × 高 9cm
吐司模具 1 個

Ingredients

高筋麵粉 220g
中筋麵粉 55g
脫脂奶粉 15g
有機二號砂糖 33g
鹽 5g
速發乾酵母 5g
水 160g
有機雞蛋 28g
甜栗 110g（切成小塊狀）
牛奶蛋液 少許
奶酥 少許

Inactive Prep

● 奶酥製作：請見第 21 頁。
● 甜栗調理：請見第 19 頁。
● 牛奶蛋液：製作方法請見第 29 頁。

Directions

麵團▶
一次發酵：45 ～ 50 分鐘
中間發酵：15 分鐘
最後發酵：超過模具 1cm
烘焙

Oven

以預熱至 180℃的烤箱加熱 10 分鐘，再以 160℃烘焙 20 ～ 25 分鐘。

How to make

01 將高筋麵粉、中筋麵粉、脫脂奶粉、有機二號砂糖、鹽、速發乾酵母放不鏽鋼盆中拌勻。

Tips 注意避免讓速發乾酵母接觸到二號砂糖及鹽。

02 粉狀材料拌勻後，放入水、有機雞蛋，攪拌至完全看不見粉狀顆粒，呈現一大塊麵團狀。

03 麵團凝結成一大塊後移至桌面，加入軟化的奶油。

04 反覆推、摺、壓、揉約 20 ～ 25 分鐘，直到麵團表面產生微小氣泡，變得平整光滑。

05 將麵團揉成表面平滑的圓球狀後放入不鏽鋼盆中，覆蓋保鮮膜或濕布以避免麵團乾燥，靜置於溫熱處（30℃）一次發酵約 45 ～ 50 分鐘。

06 將食指沾滿麵粉，深深插入發酵過後的麵團，觀察孔洞是否不會變寬也不會變窄，確認麵團發酵的效果。

07 將麵團移至桌面，用雙手按壓以排出氣體。

08 將麵團揉成表面光滑的圓球狀。

中間發酵前

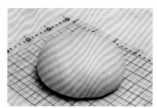

中間發酵後

09 蓋上不鏽鋼盆或類似容器,避免麵團乾燥,靜置於室溫中間發酵 15 分鐘。

10 麵團中央為基準,用擀麵棍上下將麵團擀平,同時排出中間發酵產生的氣體。

11 將攤平的麵團以三摺法的方式整形。

12 將切成小塊的甜栗均勻鋪在麵團上。

13 將麵團一端摺成三角形。

14 再將麵團層層地捲起來。

15 用手指將麵團接縫處仔細捏緊。

16 將吐司模具內部塗上薄薄一層油,再將麵團平整放入模具,並以手背輕輕按壓。

17 蓋上塑膠盆或類似容器,防止麵團乾燥,靜置於溫熱處(30℃)進行最後發酵,直到麵團膨脹超過模具 1cm。

18 將發酵完成的麵團表面刷上一層牛奶蛋液。

19 均勻撒上奶酥。

20 放進先預熱至 180℃ 的烤箱中加熱 10 分鐘,再調整至 160℃ 烘焙 20 ～ 25 分鐘。

21 烘焙完成後抽除掉模具,靜置於架上放涼。

優格圓吐司

將自製優格或市售原味優格加入麵團一起揉，就能增添 Q 彈有嚼勁的口感。

Yield

長 28 × 直徑 10cm
圓吐司模具 1 個

Ingredients

高筋麵粉 330g
有機二號砂糖 36g
鹽 5.5g
速發乾酵母 5g
原味優格 135g
牛奶 100g
奶油 28g

Directions

麵團▶
一次發酵：45 ～ 50 分鐘
中間發酵：15 分鐘
最後發酵：35 ～ 40 分鐘
烘焙

Oven

以預熱至 180℃的烤箱加熱
25 ～ 30 分鐘。

How to make

01 將高筋麵粉、有機二號砂糖、鹽、速發乾酵母放盆中拌勻。

Tips 注意避免讓速發乾酵母接觸到二號砂糖及鹽。

02 粉狀材料拌勻後，放原味優格、牛奶，攪拌至完全看不見粉狀顆粒，呈現一大塊麵團狀。

03 將麵團移至到桌面上，加入軟化的奶油。

04 反覆推、摺、壓、揉約 20 ～ 25 分鐘，直到麵團表面產生微小氣泡，變得平整光滑。

05 將麵團揉成表面平滑的圓球狀後放入不鏽鋼盆中，覆蓋保鮮膜或濕布以避免麵團乾燥，靜置於溫熱處（30℃）一次發酵約 45 ～ 50 分鐘。

06 將食指沾滿麵粉，深深插入發酵過後的麵團，觀察孔洞是否不會變寬也不會變窄，確認麵團發酵的效果。

07 用雙手按壓發酵之後的麵團藉以排出氣體。

08 將麵團揉成表面光滑的圓球狀。

09 蓋上不鏽鋼盆或類似容器，避免麵團乾燥，靜置於室溫中間發酵 15 分鐘。

中間發酵前

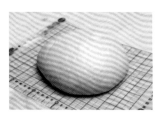
中間發酵後

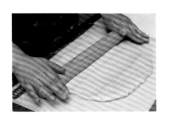
10 用擀麵棍上下將麵團擀平，排出中間發酵產生的氣體。

11 依照圓吐司模具的長度，將麵團擀平。

Tips 若沒圓吐司模具，可用方形吐司模具，最後發酵到低於模具 0.5 ～ 1cm 後烘焙。

12 將擀好的麵團由邊緣慢慢捲起。

13 用手指將麵團的接縫處確實捏緊。

14 將捲成長棒狀的麵團平整放模具內，靜置於溫熱處（30℃）進行最後發酵 35 ～ 40 分鐘。

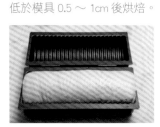
Tips 最後發酵時的麵團保濕處理，若以濕布或保鮮膜覆蓋，會容易沾黏在麵團上，應蓋上塑膠盆或者類似容器為佳。

15 蓋上圓吐司模具的蓋子，送進事先預熱至 180℃的烤箱中烘焙 25 ～ 30 分鐘。

16 開啟蓋子放涼，同時上下滾動吐司以維持圓柱模樣。

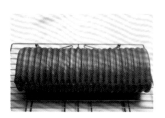
17 吐司降溫到一定程度後，由模具中取出置於架上放涼。

葡萄乾吐司

被稱為「Cramique」的麵包，以葡萄乾、牛奶、奶油為主材料，特別採用有機雞蛋加強鬆軟口感，吃起來香甜微鹹，也能根據喜好加入各種碎堅果。不過，須注意若將乾燥的葡萄乾或堅果直接加入，則會在烘烤後搶走麵包中大量的水分，使麵包老化的速度增快。堅果類的材料建議先以滾水汆燙，浸泡蘭姆酒後使用。

Yield

長 21.5 × 寬 9.5 × 高 9cm
吐司模具 1 個

Ingredients

高筋麵粉 300g
有機二號砂糖 35g
鹽 6g
速發乾酵母 5g
水 110g
有機雞蛋 80g
奶油 75g
蘭姆酒 少許
黃檸檬皮 55g
葡萄乾 80g
牛奶蛋液 少許

Inactive Prep

●將黃檸檬皮與葡萄乾浸泡蘭姆酒備用。
●牛奶蛋液：製作方法請見第 29 頁。

Directions

麵團▶

一次發酵：45 ～ 50 分鐘
中間發酵：15 分鐘
最後發酵：與模具同高
烘焙

Oven

以預熱至 170 ～ 180℃的烤箱加熱 10 分鐘，再以 160 ～ 170℃烘焙 20 ～ 25 分鐘。

How to make

01 將高筋麵粉、有機二號砂糖、鹽、速發乾酵母放入不鏽鋼盆中拌勻。

Tips 注意避免讓速發乾酵母接觸到二號砂糖及鹽。

02 粉狀材料拌勻後，放入有機雞蛋、水，攪拌至完全看不見粉狀顆粒，呈現一大塊團狀。

03 將麵團移至桌面上，放入軟化的奶油。

Tips 使用高筋麵粉時，建議在麵團結成一大塊後，先用手揉數次再加入奶油。奶油具有防止麵團產生麩質的作用，若太早加入，容易讓成品口感太硬而失去層次。

04 奶油完全混入後，持續反覆推、摺、壓、揉約 20 ～ 25 分鐘，直到麵團表面產生微小氣泡，變得平整光滑。

05 將事先浸泡過萊姆酒的檸檬皮和葡萄乾均勻鋪在麵團上，與麵團混合均勻。

06 將麵團揉成表面平滑的圓球狀後放入不鏽鋼盆中，覆蓋保鮮膜或濕布以避免麵團乾燥，靜置於溫熱處（30℃）一次發酵約 45 ～ 50 分鐘。

07 將食指沾滿麵粉，深深插入發酵過後的麵團，觀察孔洞是否不會變寬也不會變窄，確認麵團發酵的效果。

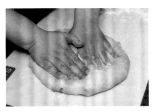

08 將發酵後的麵團移至桌面，用雙手按壓以排出氣體。

09 將麵團揉成表面光滑的圓球狀。

中間發酵前

中間發酵後

10 蓋上不鏽鋼盆或類似容器，避免麵團乾燥，靜置於室溫中間發酵 15 分鐘。

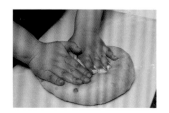

11 雙手用力的按壓麵團，排出中間發酵產生的氣體，同時將麵團壓成橢圓狀。

12 將麵團以三摺法整形，再將一端摺成三角形。

13 將麵團一層層捲起來。不要捲得太緊，適度保持空間。

14 用手指將麵團接縫處仔細捏緊。

15 將吐司模具內部塗上薄薄一層油，再將麵團平整放入模具中，並以手背輕輕按壓。

16 將麵團靜置溫熱處（30℃）進行最後發酵，直到麵團膨脹至與模具同高，接著在麵團表面刷上牛奶蛋液。

17 用剪刀尖端部分，在麵團表面剪出兩排鋸齒狀的缺口。

18 放進已事先預熱至 170～180℃ 的烤箱中加熱 10 分鐘，再調整至 160～170℃，烘焙 20～25 分鐘。

Tips 若因烤箱構造因素，麵包上方表面顏色特別深，可覆蓋多層烘焙紙以調整上色程度。

19 烘焙完成後抽除掉模具，靜置於架上放涼。

佛卡夏

義大利代表性家常麵包佛卡夏（Focaccia），據說在烤箱還沒被發明之前就已存在。常以橄欖與香草調味，適合搭配濃湯、沙拉，或者夾入火腿、蔬菜、起司等製成三明治。義大利南部的普利亞以及北部的利古利亞地區的佛卡夏頗為出名，也有某些地區會在特殊的節日，請平常不進廚房的爸爸親手製作佛卡夏。

Yield

長 21.5 × 寬 9.5 × 高 9cm
烤盤 1 個

Ingredients

高筋麵粉 324g
有機二號砂糖 9g
鹽 6g
速發乾酵母 4g
水 213g
酵母種 100g
橄欖油 18g
迷迭香 少許

Topping Ingredients

小番茄 適量
黑橄欖 適量
花椰菜（汆燙）適量
帕馬森起司粉 少許
蒜味迷迭香橄欖油 適量

Inactive Prep

● 酵母種：製作方法請見第 20 頁。
● 蒜味迷迭香橄欖油：將切碎的大蒜與迷迭香放入橄欖油中加熱至微沸。

Directions

麵團 ▶
一次發酵：60 分鐘
中間發酵：15 分鐘
最後發酵：50 分鐘
烘焙

Oven

以預熱至 200℃的烤箱加熱 10 分鐘，再以 180℃烘焙 15 ～ 20 分鐘。

How to make

01 將高筋麵粉、有機二號砂糖、鹽、速發乾酵母放入不鏽鋼盆中拌勻。

Tips 注意避免讓速發乾酵母接觸到二號砂糖及鹽。

02 粉狀材料拌勻後，放入水、酵母種、橄欖油，攪拌至完全看不見粉狀顆粒，呈現一大塊團狀。

Tips 若未準備酵母種，則可再放高筋麵粉 60g、鹽 1.1g、速發乾酵母 0.7g、水 41g 一起攪拌。如此微量的材料建議使用電子量匙。

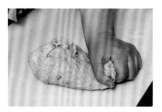

03 將麵團移至桌面，反覆推、摺、壓、揉約 15 分鐘，直到麵團表面產生微小氣泡，變得平整光滑。

04 將麵團揉成表面平滑的圓球狀後放入不鏽鋼盆中，覆蓋保鮮膜或濕布以避免麵團乾燥，靜置於溫熱處（30℃）一次發酵約 60 分鐘。

05 將食指沾滿麵粉，深深插入發酵過後的麵團，觀察孔洞是否不會變寬也不會變窄，確認麵團發酵的效果。

06 將麵團移至桌面，用手按壓發酵後的麵團以排出氣體。

07 將麵團揉成表面光滑的圓球狀。

08 蓋上不鏽鋼盆或類似容器，避免麵團乾燥，靜置於室溫中間發酵 15 分鐘。

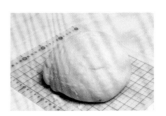

中間發酵前

中間發酵後

09 將烤盤充分刷上一層橄欖油，將麵團均勻鋪在烤盤內，在表面灑上橄欖油後，進行最後發酵約 50 分鐘。

最後發酵後

10 將事先預備好的小番茄、黑橄欖、汆燙花椰菜鋪在麵團上，撒上帕馬森起司粉後，刷上蒜味迷迭香橄欖油。

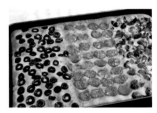

11 烤箱預熱至 200℃，以噴霧器噴水增加濕度後，放入麵團加熱 10 分鐘，再調整至 180℃ 烘焙 15 ～ 20 分鐘。

Tips 若先將麵團按照口味切成小塊，則以 170 ～ 180℃ 烘焙 15 分鐘。

12 除去烤盤後靜置於架上放涼，麵包冷卻後切成適當大小。

Tips 冷卻後再切成想要的尺寸，才能呈現漂亮的模樣。

米酒酵母麵包

用米酒種製作的酵母麵包，因其中所含特殊的米酒酵母，讓麵包散發清新米香，而獲得一致好評。製作米酒種酵母建議選購冷藏販售、發酵力良好、近期製造的生米酒。

Yield

長 21.5 × 寬 9.5 × 高 9cm
烤盤 1 個

Ingredients

高筋麵粉 320g
鹽 8g
微溫水（約與體溫相近）
170g
蜂蜜 10g
橄欖油 16g
核桃 63g
蔓越莓 73g

Inactive Prep

米酒種酵母

材料：高筋麵粉 160g、生
米酒 160g
作法：將上述材料用橡皮刮
刀拌勻，靜置於 28℃的環
境中發酵 30 分鐘，妥善包
裝並放冰箱冷藏，體積膨脹
2 ～ 2.5 倍後即可使用。

Directions

麵團 ▶
一次發酵：60 ～ 70 分鐘
中間發酵：15 分鐘
最後發酵：60 ～ 70 分鐘
烘焙

Oven

以預熱至 210℃的烤箱烘焙
20 ～ 25 分鐘。

How to make

01 將高筋麵粉、鹽一起放入不鏽鋼盆中混合，拌勻。

02 粉狀材料混合均勻後，加入米酒種酵母、微溫水、蜂蜜、橄欖油，充分攪拌至完全看不見粉狀顆粒。

Tips 使用冷藏保存的米酒種酵母，會使麵團溫度變得太低，必須加入微溫水調節，才不會影響材料混合或者發酵的效果。

03 麵團凝結成一大塊後移至桌面上，反覆推、摺、壓、揉大約 15 ～ 20 分鐘，直到麵團表面產生微小氣泡，變得平整光滑為止。

04 揉麵完成後，均勻鋪上一層胡桃和蔓越莓。

05 將麵團揉成表面平滑的圓球狀後放入不鏽鋼盆中，覆蓋保鮮膜或濕布以避免麵團乾燥，靜置於溫熱處（30℃）一次發酵約 60 ～ 70 分鐘。

一次發酵後

06 用雙手按壓發酵之後的麵團藉以排出氣體。

07 將麵團揉成表面光滑的圓球狀。

08 蓋上不鏽鋼盆，避免麵團乾燥，靜置於室溫中間發酵15分鐘。

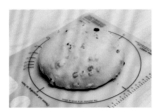

中間發酵前

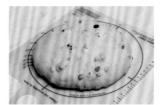

中間發酵後

09 再次用雙手按壓麵團，排出發酵產生的氣體。

10 將麵團用三摺法的方式整形，再將一端摺成三角形。

11 將麵團層層捲起。

12 用手指將麵團接縫處仔細捏緊。

Tips 若未將接縫處確實捏緊，烘焙時就會因為麵團膨脹的張力而破裂，無法呈現理想的高度與外型。

13 橢圓形籃子底層鋪上棉布，撒上手粉。

Tips 手粉是高筋麵粉，應用篩網過濾。若未撒上，麵團會沾黏棉布，最後發酵後無法分離麵團與棉布。

14 將麵團放橢圓形籃子，蓋上不鏽鋼盆或類似容器，置室溫中進行最後發酵60〜70分鐘。

Tips 若發酵環境濕度較高，容易讓棉布潮濕而不易與麵團分離，注意保持較低濕度。

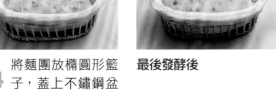

最後發酵後

15 將籃子與麵團分離開來。

16 適度將麵團底部的手粉刷乾淨。

17 在麵團表面劃出菱形條紋，並注意不可讓氣泡破滅。

Tips 若氣泡破滅，會讓烘焙後的麵包體積過小，口感也較為粗硬。

18 將烤箱用噴霧器噴水增加濕度並預熱至210℃，放入麵團烘焙20〜25分鐘。

Tips 噴霧器僅需噴灑二至三次即可。烤箱預熱後，在噴水加濕同時置入烤盤更佳。某些烤箱在210℃溫度下，容易讓麵包表面變太黑。

火腿蔬菜餐包捲

每次看到偏食的孩子，開心地吃著火腿蔬菜麵包捲，我都會因為他們終於吃下充足的蔬食，心中湧起一股難以言喻的感動。家裡如果有不喜歡吃蔬菜的孩子或大人，試著用火腿蔬菜麵包捲改善他們的飲食習慣吧！

Yield

底直徑 6.5cm
銀箔貝殼蛋糕模具 10 個

Ingredients

A
高筋麵粉 180g
中筋麵粉 45g
脫脂奶粉 14g
有機二號砂糖 28g
鹽 3.5g
速發乾酵母 4g
牛奶 17g
有機雞蛋 47g
鮮奶油 100g
奶油 24g
鹽 少許
番茄醬 適量

B
綜合蔬菜與火腿 400g
美乃滋 適量

Inactive Prep

根據喜好準備總共約 400g 的玉米粒、甜椒丁、青椒丁、洋蔥丁、紅蘿蔔丁等各種蔬菜與火腿,加入少許美乃滋拌勻。

Directions

麵團 ▶
一次發酵:45 ～ 50 分鐘
最後發酵:45 ～ 50 分鐘
烘焙

Oven

以預熱至 170℃的烤箱加熱 10 分鐘,再以 170℃烘焙 2 ～ 3 分鐘。

How to make

01 將高筋麵粉、中筋麵粉、脫脂奶粉、有機二號砂糖、鹽、速發乾酵母等粉狀材料放入不鏽鋼盆中拌勻。

Tips 注意避免讓速發乾酵母接觸到二號砂糖及鹽。

02 粉狀材料拌勻後放入牛奶、有機雞蛋、鮮奶油,攪拌至完全看不見粉狀顆粒並且凝結成團狀。

03 將麵團移至桌面,加入軟化的奶油。

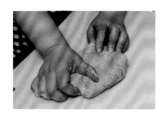

04 用雙手反覆推、摺、壓、揉約 15 ～ 20 分鐘。

05 將麵團揉成表面平滑的圓球狀後放入不鏽鋼盆中,覆蓋保鮮膜或濕布以避免麵團乾燥,靜置於溫熱處(30℃)一次發酵約 45 ～ 50 分鐘。

06 將食指沾滿麵粉,深深插入發酵過後的麵團,確認麵團發酵的效果。

Tips 將手指插入麵團後,觀察孔洞是否不會變寬也不會變窄。

07 將麵團移至桌面,用擀麵棍擀平。

08 將先準備好的 B 綜合蔬菜與火腿,加入適量美乃滋拌勻。

09 將綜合蔬菜與火腿切丁均勻平鋪在麵團上。

10 將麵團由下往上緊緊捲起，注意保持平均的厚度。

Tips 捲起的厚度應保持平均。

11 用手指將麵團接縫處仔細捏緊。

Tips 若未將接縫處確實捏緊，烘焙時就會因為麵團膨脹的張力而破裂，無法呈現理想的高度與外形。

12 用棉線或釣魚線將麵團切成 10 等分。

Tips 若用刀切，裡面的餡料容易溢出。

13 將切好的麵團逐一放入銀箔模具中，並以一定的間隔排列於烤盤上。

14 蓋上塑膠盆或類似容器，避免麵團乾燥，靜置於溫熱處（30℃）進行最後發酵約 45～50 分鐘。

Tips 最後發酵時的麵團保濕處理，以濕布或保鮮膜覆蓋，容易沾黏在麵團上，應蓋上塑膠盆或類似容器為佳。

最後發酵後

15 用先預熱至 170℃ 的烤箱加熱 10 分鐘（約 9 分熟），暫時取出烤盤，為每個餐包捲淋上番茄醬。

16 再放回 170℃ 的烤箱烘烤 2～3 分鐘。

藍莓餐包

匆忙的早晨，在枯燥無味的原味餐包內加入大量藍莓醬，讓一天的開始就充滿香甜喜悅。當然也可以將藍莓醬替換成草莓醬、葡萄醬、柳橙醬等自己喜歡的口味。或者將南瓜以蜂蜜或有機二號砂糖調味後做成餐包內餡，也別具一番風味。

Yield

長 17 × 寬 17 × 高 7cm
四方形模具 1 個

Ingredients

高筋麵粉 221g
中筋麵粉 28g
有機二號砂糖 20g
鹽 4g
速發乾酵母 4g
水 156g
鮮奶油 20g
煉乳 10g
奶油 12g
藍莓醬 144g
奶酥 適量

Inactive Prep

●奶酥：製作方法請見第 21 頁。

●藍莓醬：將冷凍藍莓 300g 和糖 200g
放入鍋中煮沸，呈現果醬的濃度後加入
半顆檸檬汁，稍微再沸騰一下，放涼後
即可使用。

Directions

麵團 ▶
一次發酵：45 ～ 50 分鐘
中間發酵：10 分鐘
最後發酵：45 ～ 50 分鐘
烘焙

Oven

以預熱至 170℃的烤箱加熱 10 分鐘，再
以 160℃烘烤 7 ～ 9 分鐘。

How to make

01 將高筋麵粉、中筋麵粉、有機二號砂糖、鹽、速發乾酵母放入不鏽鋼盆中拌勻。

Tips 注意避免讓速發乾酵母接觸到二號砂糖及鹽。

02 粉狀材料拌勻後，放入水、鮮奶油、煉乳。

03 攪拌至完全看不到粉狀顆粒，呈現一大塊團狀後，將麵團移至桌面並放入軟化的奶油，再以雙手揉麵。

04 反覆推、摺、壓、揉約 15 ～ 20 分鐘，直到麵團表面產生微小氣泡，變得平整光滑。

05 將麵團揉成表面平滑的圓球狀後放入不鏽鋼盆中，覆蓋保鮮膜或濕布以避免麵團乾燥，靜置於溫熱處（30℃）一次發酵約 45 ～ 50 分鐘。

06 將食指沾滿麵粉，深深插入發酵過後的麵團，觀察孔洞是否不會變寬也不會變窄，確認麵團發酵的效果。

07 將麵團切分成 9 等分（約 48g）。

08 將每一個小麵團揉成圓球狀。

揉成圓球狀

09 蓋上塑膠盆或類似容器，靜置室溫下進行中間發酵 10 分鐘。

10 用手按壓麵團，以排出中間發酵產生的氣體。

11 將每一個小麵團各加入 16g 藍莓醬。

Tips 藍莓醬可使用市售產品，但若濃度不夠，可加入杏仁果粉調節後使用。

12 仔細將藍莓醬包在麵團內。

13 用手指將麵團接縫處捏緊。

14 用手捏著接縫處不放開，將麵團浸入水中後拿起。

Tips 將麵團表面沾濕，才能順利附著奶酥。也可直接用噴霧器灑水。

15 充分沾上事先準備好的奶酥。

16 將四方形模具均勻刷上一層油，再將麵團平整排列於模具中。

17 蓋上塑膠盆或類似容器，避免麵團乾燥，靜置於溫熱處（30℃）進行最後發酵約 45 ～ 50 分鐘。

最後發酵後

18 將麵團放進預熱至 170℃的烤箱中加熱 10 分鐘，再調整至 160℃ 烘焙 7 ～ 9 分鐘。

19 烘焙完成後抽除掉模具，靜置於架上放涼。

菠菜餐包

小兒子是我們家的偏食大魔王，他最討厭吃的蔬菜除了菇類，再來就是菠菜。後來，研發了這種加了培根的菠菜麵包，沒想到他居然吃得津津有味，甚至變成他最喜歡的麵包種類之一。

Yield

9 個

Ingredients

高筋麵粉 158g
中筋麵粉 42g
有機二號砂糖 25g
鹽 3g
速發乾酵母 4g
牛奶 56g
鮮奶油 25g
水 45～50g
奶油 35g
涼拌菠菜 65g
炒洋蔥（小塊狀）1/4 顆
培根 2 片
牛奶蛋液 適量

Inactive Prep

● 涼拌菠菜：將汆燙、瀝乾後的菠菜
60g，加入帕馬森起司粉 5g、鹽少許、橄
欖油半大匙後拌勻即可。
● 炒洋蔥：將洋蔥切成小塊狀，放入鍋中
以油熱炒。
● 牛奶蛋液：製作方法請見第 29 頁。

Directions

麵團 ▶
一次發酵：45～50 分鐘
中間發酵：10 分鐘
最後發酵：40～45 分鐘
烘焙

Oven

以預熱至 170℃的烤箱烘焙 12～14 分鐘。

How to make

01 將高筋麵粉、中筋麵粉、有機二號砂糖、鹽、速發乾酵母放入不鏽鋼盆中拌勻。

Tips 注意避免讓速發乾酵母接觸到二號砂糖及鹽。

02 粉狀材料拌勻後，放入牛奶、鮮奶油、水，攪拌至完全看不到粉狀顆粒，並凝結成一大塊。

03 將麵團移至桌面，放入軟化的奶油。

04 反覆推、摺、壓、揉約 15～20 分鐘，直到麵團表面產生微小氣泡，變得平整光滑。

05 鋪上涼拌菠菜、炒洋蔥和培根，混合揉勻。

06 將麵團揉成表面平滑的圓球狀後放入不鏽鋼盆中，覆蓋保鮮膜或濕布以避免麵團乾燥，靜置於溫熱處（30℃）一次發酵約 45～50 分鐘。

07 將食指沾滿麵粉，深深插入發酵過後的麵團，觀察孔洞是否不會變寬也不會變窄，確認麵團發酵的效果。

08 將麵團切成 9 等分（約 52g）。

09 將每一個小麵團揉成至表面平整的圓球狀。

揉成圓球狀

10 蓋上塑膠盆或類似容器，靜置室溫下進行中間發酵 10 分鐘。

11 用手指加壓麵團表面，讓麵團保持圓球狀，同時排出發酵產生的氣體。

12 將烤盤表面均勻刷上一層油，再將麵團均勻排列於烤盤中。

13 蓋上塑膠盆或類似容器，避免麵團乾燥，靜置於溫熱處（30℃）進行最後發酵約 45 ～ 50 分鐘。

14 最後發酵完成後，輕輕在麵團表面刷上牛奶蛋液。

15 將麵團放進已預熱至 170℃ 的烤箱，烘焙 12 ～ 14 分鐘。

紅豆麵包

我們家的孩子在入學前，想吃紅豆麵包的時候都會說「我想吃巧克力麵包」。大概是因為用有機二號砂糖和麥芽糖調味的紅豆餡顏色較深，看起來很像巧克力。雖然當初是以巧克力麵包的名義騙他們吃，就算現在已經被識破，他們還是一樣很捧場。

Yield

9 個

Ingredients

高筋麵粉 220g
有機二號砂糖 33g
鹽 3g
速發乾酵母 4g
牛奶 71g
有機雞蛋 33g
鮮奶油 20g
水 37g
奶油 27g
紅豆餡 405g
黑芝麻 適量
牛奶蛋液 適量

Inactive Prep

● 將紅豆餡以每約 45g 分
成 9 等分。
● 牛奶蛋液:製作方法請見
第 29 頁。

Directions

麵團 ▶
一次發酵:45 ～ 50 分鐘
中間發酵:10 分鐘
最後發酵:40 ～ 45 分鐘
烘焙

Oven

以預熱至 170℃的烤箱烘
焙 12 ～ 14 分鐘。

How to make

01 將高筋麵粉、有機
二號砂糖、鹽、速
發乾酵母放入不鏽鋼盆中
拌勻。

Tips 注意避免讓速發乾酵母
接觸到二號砂糖及鹽。

02 粉狀材料拌勻後,
放入牛奶、有機雞
蛋、鮮奶油、水。

03 攪拌至完全看不到
粉狀顆粒,並凝結
成一大塊後,將麵團移至
桌面,放入軟化的奶油。

04 反覆推、摺、壓、
揉約 20 ～ 25 分鐘,
直到麵團表面產生微小氣
泡,變得平整光滑。

05 用手拉扯麵團,確
定麵團充分出筋,
手指無法輕易穿過。

06 將麵團揉成表面平
滑的圓球狀,放入
不鏽鋼盆中,覆蓋保鮮膜
或濕布以避免麵團乾燥,
靜置於溫熱處(30℃)一
次發酵約 45 ～ 50 分鐘。

一次發酵後

07 將麵團分成 9 等分
(約 46g)。

08 將每一個小麵團揉成圓球狀。

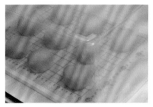

09 蓋上塑膠盆或類似容器，靜置室溫下進行中間發酵 10 分鐘。

10 用手按壓麵團，以排出中間發酵產生的氣體。

11 將每個麵團各別放上紅豆餡，並仔細將紅豆餡包裹在內。

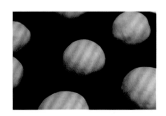

12 先將烤盤刷上一層油，再將麵團均勻排列在烤盤中。

13 用手輕輕按壓。

14 保濕處理後靜置溫熱處（30℃）進行最後發酵約 45～50 分鐘。

Tips 應蓋上塑膠盆或類似容器，避免麵團乾燥。

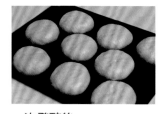

一次發酵後

15 最後發酵完成後，輕輕在麵團表面刷上牛奶蛋液。

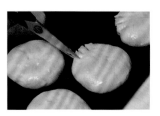

16 用剪刀在麵團邊緣剪出三個開口。

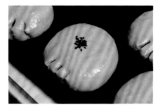

17 在麵團中央撒上少許黑芝麻。

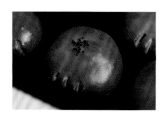

18 將麵團放入已先預熱至 170℃ 的烤箱烘焙 12～14 分鐘。

摩卡麵包

散發咖啡香的麵包，真的很誘惑人吧？再咬一口，原來還有奶油乳酪和葡萄乾，就像在寶石中發現另一塊寶石的心情。製作奶酥時添加一點咖啡粉，能讓麵包的咖啡香更濃郁。

Yield

底直徑 6.5cm
銀箔貝殼蛋糕模具 9 個

Ingredients

高筋麵粉 168g
有機二號砂糖 25g
鹽 3g
速發乾酵母 3g
牛奶 63g
有機雞蛋 18g
咖啡液 33g
奶油 21g
葡萄乾 100g
奶油乳酪抹醬 113g
奶酥 適量

Inactive Prep

● 咖啡液：將水 31g 與即溶咖啡粉 2g 混合拌勻即可。
● 奶油乳酪抹醬：將奶油乳酪 100g 和有機二號砂糖 13g 混合拌勻即可。
● 葡萄乾先以滾水汆燙，再以清水沖洗數次，用篩網瀝乾後浸泡於紅酒中，放入冰箱冷藏後使用。

Directions

麵團 ▶
一次發酵：45 ～ 50 分鐘
最後發酵：45 ～ 50 分鐘
烘焙

Oven

以預熱至 170℃的烤箱烘焙 12 ～ 14 分鐘。

How to make

01 將高筋麵粉、有機二號砂糖、鹽、速發乾酵母放入不鏽鋼盆中拌勻。

Tips 注意避免讓速發乾酵母接觸到二號砂糖及鹽。

02 粉狀材料拌勻後，放入牛奶、有機雞蛋、咖啡液。

03 攪拌至完全看不到粉狀顆粒，並凝結成一大塊後，將麵團移至桌面。

04 放入軟化的奶油，反覆用手推、摺、壓、揉約 15 ～ 20 分鐘。

05 用手指拉扯麵團，要確定麵團充分出筋，可透出手指顏色且不易破裂。

06 放入葡萄乾後混合揉勻。

07 將麵團揉成表面平滑的圓球狀後放入不鏽鋼盆中，覆蓋保鮮膜或濕布以避免麵團乾燥，靜置於溫熱處（30℃）一次發酵約 45 ～ 50 分鐘。

08 將食指沾滿麵粉，深深插入發酵過後的麵團，觀察孔洞是否不會變寬也不會變窄，確認麵團發酵的效果。

09 將一次發酵後的麵團移至桌面，用擀麵棍擀平。

10 注意維持麵團的厚度平均。

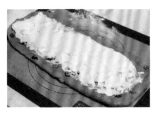

11 將奶油乳酪和有機二號砂糖一起混合拌勻，製成奶油乳酪抹醬後，均勻抹在麵團表面。

12 將麵團由下往上緊緊捲起。

13 用手指將捲起後的接縫處仔細捏緊，再以棉線或釣魚線將麵團切成 9 等分。

14 將小麵團的其中一面沾濕或噴濕，再沾上適量奶酥。

Tips 奶酥製作方法請見第 21 頁。

15 將小麵團逐一放入銀箔模具中。

16 蓋上塑膠盆或類似容器，避免麵團乾燥，靜置於溫熱處（30℃）進行最後發酵約 45 ～ 50 分鐘。

最後發酵後

17 放進已事先預熱至 170℃ 的烤箱烘焙 12 ～ 14 分鐘。

藍莓麵包

藍莓除了果醬、果汁之外，近來在超市也能輕鬆購得冷凍藍莓，讓藍莓產生另一項新用途。藍莓是有「超級食物」之稱的營養食材，尤其有益於眼睛的保健。若身邊有長時間用眼的家人，快用藍莓麵包補充養分吧！

Yield

4 個

Ingredients

高筋麵粉 350g
有機二號砂糖 50g
鹽 6g
速發乾酵母 6g
檸檬皮屑 半顆
無加糖優格 80g
有機雞蛋 50g
水 98g
奶油 30g
核桃 75g
冷凍藍莓（解凍並除去水
分）120g
全麥麵粉 適量

Directions

麵團 ▶

一次發酵：45 ～ 50 分鐘
中間發酵：15 分鐘
最後發酵：45 ～ 50 分鐘
烘焙

Oven

以預熱至 160 ～ 170℃的
烤箱烘焙 15 ～ 20 分鐘。

How to make

01 將高筋麵粉、有機
二號砂糖、鹽、速
發乾酵母、檸檬皮屑放入
不鏽鋼盆中拌勻。

Tips 注意避免讓速發乾酵母
接觸到二號砂糖及鹽。

02 粉狀材料拌勻後，
放入無加糖優格、
有機雞蛋、水，攪拌至完
全看不到粉狀顆粒，並凝
結成一大塊。

03 先再將麵團移至桌
面上，放入軟化的
奶油。

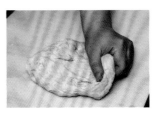

04 反覆推、摺、壓、
揉約 20 ～ 25 分鐘，
直到麵團表面產生微小氣
泡，變得平整光滑。

05 先均勻鋪上核桃。

06 將核桃完全揉勻至
麵團中後，再鋪上
事先解凍、除去水分的藍
莓，輕輕與麵團混合，避
免藍莓破裂。

07 將麵團揉成表面平滑的圓球狀後放入不鏽鋼盆中,覆蓋保鮮膜或濕布以避免麵團乾燥,靜置於溫熱處(30℃)一次發酵約45～50分鐘。

08 將食指沾滿麵粉,深深插入發酵過後的麵團,觀察孔洞是否不會變寬也不會變窄,確認麵團發酵的效果。

09 將麵團切成4等分(約213g)。

10 排出發酵產生的氣體,同時將每一個麵團整形成表面平整的圓球狀。

11 蓋上塑膠盆或類似容器,靜置室溫下進行中間發酵15分鐘。

中間發酵前

中間發酵後

12 用手按壓麵團,排出中間發酵產生的氣體。

13 將麵團摺半。

14 再摺半。

15 輕輕將麵團表面拉成完整的圓形。

16 將烤盤抹一層油,再將麵團排列在烤盤中。

17 蓋上塑膠盆或類似容器,避免麵團乾燥,靜置於溫熱處(30℃)進行最後發酵約45～50分鐘。

18 利用篩網輕輕灑上全麥麵粉。

Tips 也可使用一般麵粉。

19 放進已事先預熱至160～170℃的烤箱烘焙15～20分鐘。

20 將麵包取出,置於架上放涼。

優格葡萄乾麵包

添加大量優格、葡萄乾與核桃的健康麵包，優格帶來強韌彈牙的口感，葡萄乾和核桃讓麵包變得豐富有層次。一般人對葡萄乾的喜好度不一，但即使無法直接吃太多的人，也能接受葡萄乾在麵包裡的自然香甜。葡萄乾可用清水稍微浸泡後使用，若事先以紅酒調味，則可產生更多元的美味。

Yield

4 個

Ingredients

高筋麵粉 220g
有機二號砂糖 10g
鹽 6g
速發乾酵母 4g
全麥液種 160g
無加糖優格 100g
葡萄乾 190g
紅酒 34g
核桃 210g

全麥液種
全麥麵粉 80g
水 80g
速發乾酵母 0.5g

Inactive Prep

● 全麥液種須在使用前 3 ～
4 小時，將全麥麵粉 80g、
水 80g、速發乾酵母 0.5g
混合拌勻，靜置室溫下發
酵膨脹至兩倍大。
● 將葡萄乾事先浸泡於紅
酒中調味。

Directions

麵團 ▶

一次發酵：45 ～ 50 分鐘
中間發酵：15 分鐘
最後發酵：40 ～ 45 分鐘
烘焙

Oven

以預熱至 170 ～ 180℃的
烤箱烘焙 15 ～ 20 分鐘。

How to make

01 將高筋麵粉、有機
二號砂糖、鹽、速
發乾酵母放入不鏽鋼盆中
拌勻。

Tips 注意避免讓速發乾酵母
接觸到二號砂糖及鹽。

02 粉狀材料拌勻後，
放入事先準備好的
全麥液種和無加糖優格。

Tips 全麥液種須在使用前 3
～ 4 小時前準備。

03 倒入浸泡葡萄乾後
的剩餘紅酒。

04 將麵團移至桌面，
反覆推、摺、壓、
揉約 15 ～ 20 分鐘，直到
麵團表面產生微小氣泡，
變得平整光滑。

05 用手拉扯麵團，確
定麵團充分出筋，
手指無法輕易穿過。

06 均勻鋪上核桃和事
先浸泡過紅酒的葡
萄乾。

07 將麵團揉成表面平
滑的圓球狀後放入
不鏽鋼盆中，覆蓋保鮮膜
或濕布以避免麵團乾燥，
靜置於溫熱處（30℃）一
次發酵約 45 ～ 50 分鐘。

08 將食指沾滿麵粉，
深深插入發酵過後
的麵團，觀察孔洞是否不
會變寬也不會變窄，確認
麵團發酵的效果。

09 將麵團切分成 4 等
分（約 230g）。

10 將每一個麵團都揉成表面平滑的圓球形狀。

11 蓋上塑膠盆或類似容器，靜置室溫下進行中間發酵 15 分鐘。

中間發酵前

中間發酵後

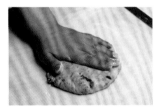

12 用手按壓麵團，以排出中間發酵產生的氣體。

13 將麵團以三摺法的方式整形。

14 用手掌將麵團搓成長條狀。

15 注意麵團的厚度保持平均，長度控制在 20～25cm。

16 用手指將麵團的接縫處捏緊。

17 將烤盤刷一層油，再將麵團排列在烤盤中。

18 蓋上塑膠盆或類似容器，避免麵團乾燥，靜置於溫熱處（30℃）進行最後發酵約 40～45 分鐘。

Tips 最後發酵的麵團保濕處理，若以濕布或保鮮膜覆蓋，容易沾黏在麵團上，應蓋上塑膠盆或類似容器為佳。

19 以先預熱至 170～180℃ 的烤箱烘焙 15～20 分鐘。

春艾草麵包

早春時節，總有利用新綠嫩菜下廚的喜悅。每當看見青翠的嫩艾草，我就會採來製作麵包。直接使用生艾草當拌料，才能將艾草的香氣發揮到極致。如果不是當季，雖然還是可用冷凍保存的艾草替代，但卻怎麼也無法重現新鮮艾草的撲鼻香。所以，千萬不要錯過即將來臨的春天喔。

Yield

3 個

Ingredients

高筋麵粉 270g
有機二號砂糖 10g
鹽 5g
速發乾酵母 5g
牛奶 110g
有機雞蛋 56g
蜂蜜 22g
葡萄籽油 22g
生艾草 70g

Inactive Prep

春天的新鮮艾草請勿汆燙，只要用清水洗淨、充分瀝乾，再切成適當大小即可。若非產季，則使用汆燙後冷凍保存的艾草。

Directions

麵團 ▶
一次發酵：45 ～ 50 分鐘
中間發酵：10 ～ 15 分鐘
最後發酵：45 ～ 50 分鐘
烘焙

Oven

以預熱至 170 ～ 180℃ 的烤箱烘焙 15 ～ 17 分鐘。

How to make

01 將高筋麵粉、有機二號砂糖、鹽、速發乾酵母放入不鏽鋼盆中拌勻。

Tips 注意避免讓速發乾酵母接觸到二號砂糖及鹽。

02 粉狀材料拌勻後，放入牛奶、有機雞蛋、蜂蜜、葡萄籽油，一起攪拌至完全看不到粉狀顆粒，並凝結成一大塊。

03 麵團呈現一大塊狀後移至桌面，反覆推、摺、壓、揉約20分鐘，直到麵團表面產生微小氣泡，變得平整光滑。

04 麵團鋪上艾草後混合揉勻。

Tips 太老的艾草會使口感變得粗糙難嚼，務必使用新鮮的嫩艾草。

05 將麵團揉成表面平滑的圓球狀後放入不鏽鋼盆中，覆蓋保鮮膜或濕布以避免麵團乾燥，靜置於溫熱處（30℃）一次發酵約 45 ～ 50 分鐘。

06 將食指沾滿麵粉，深深插入發酵過後的麵團，觀察孔洞是否不會變寬也不會變窄，確認麵團發酵的效果。

07 將麵團分成 3 等分（約 190g）。

08 將麵團整形成表面平滑的圓球狀。

09 蓋上塑膠盆或類似的容器，靜置室溫下進行中間發酵 10 ～ 15 分鐘。

中間發酵前

中間發酵後

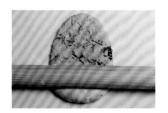

10 中間發酵完成後，以麵團的中央為基準，用擀麵棍以由中央往上、再由中央往下的方式擀平，同時排出發酵產生的氣體。

11 再將麵團以三摺法的方式整形。

12 用手腕處來按壓麵團，再分三次將麵團捲起。

13 用手指將麵團接縫處捏緊。

14 用手將麵團搓成長條狀。

15 將麵團兩端搓成尖頭狀。

16 繼續用手將麵團滾動延長，直到總長約 40 ～ 45cm。

17 將麵團捲成上寬下窄的麻花捲狀。

18 先將烤盤塗上一層油，再將麵團排列在烤盤中。

19 蓋上塑膠盆或類似容器，避免麵團乾燥，靜置於溫熱處（30℃）進行最後發酵約 40 ～ 45 分鐘。

20 放進已事先預熱至 170 ～ 180 ℃ 的烤箱烘焙 15 ～ 17 分鐘。

當季洋蔥麵包

生活在把麵包當正餐的家庭裡，我總喜歡根據季節應變出各種口味。採用初夏盛產的新鮮洋蔥，多汁爽脆又清甜美味，可依麵包種類或喜好，將洋蔥與其他配料鋪在麵包表面或包入內餡。

Yield

6 個

Ingredients

高筋麵粉 190g
中筋麵粉 53g
有機二號砂糖 22g
鹽 4g
速發乾酵母 4g
牛奶 80g
水 72g
有機雞蛋 22g
奶油 15g
洋蔥丁 25g

Topping Ingredients

炒洋蔥 適量
培根（四邊 1cm 的塊狀） 適量
美乃滋 適量
胡椒粉 適量
披薩起司 適量

Inactive Prep

●麵團進行中間發酵時，將配料中的炒
洋蔥、培根、美乃滋、胡椒粉混合拌勻。
●牛奶蛋液：製作方法請見第 29 頁。

Directions

麵團 ▶
一次發酵：45 ～ 50 分鐘
中間發酵：10 分鐘
最後發酵：40 ～ 45 分鐘
烘焙

Oven

以預熱至 160 ～ 170℃的烤箱烘焙
12 ～ 14 分鐘。

How to make

01 將高筋麵粉、中筋麵粉、有機二號砂糖、鹽、速發乾酵母放入不鏽鋼盆中拌勻。

Tips 注意避免讓速發乾酵母接觸到二號砂糖及鹽。

02 粉狀材料拌勻後，放入牛奶、水、有機雞蛋，攪拌至完全看不見粉狀顆粒，呈現一大塊麵團狀。

03 麵團凝結成一大塊後移至桌面，加入軟化的奶油。

04 反覆推、摺、壓、揉約 15 ～ 20 分鐘，直到麵團表面產生微小氣泡，變得平整光滑後，放入切成丁的洋蔥。

Tips 混入麵團的洋蔥丁也可事先炒過。

05 將麵團揉成表面平滑的圓球狀後放入不鏽鋼盆中，覆蓋保鮮膜或濕布以避免麵團乾燥，靜置於溫熱處（30℃）一次發酵約 45 ～ 50 分鐘。

06 將食指沾滿麵粉，深深插入發酵過後的麵團，觀察孔洞是否不會變寬也不會變窄，確認麵團發酵的效果。

07 將麵團切成 6 等分（約 74g），待排出發酵產生的氣體後，再將麵團揉成表面光滑的圓球狀。

08 蓋上不鏽鋼盆或類似容器，避免麵團乾燥，靜置於室溫中間發酵 10 分鐘。

中間發酵後

09 麵團中央為基準，用擀麵棍上下將麵團擀平，同時將麵團擀成橢圓狀。

10 沿著麵團邊緣內側 1.5cm 處，用手指按壓出橢圓形溝槽。

11 用叉子在橢圓形溝槽的內側部分，戳出數排小孔。

12 將烤盤刷一層油，再將麵團排列在烤盤中。將事先拌好的炒洋蔥、培根、美乃滋、胡椒粉，適量鋪在麵團上。接著蓋上塑膠盆或類似容器，避免麵團乾燥，靜置於溫熱處（30℃）進行最後發酵約 40 ～ 45 分鐘。

Tips 最後發酵時的麵團保濕處理，若以濕布或保鮮膜覆蓋，易沾黏在麵團上，應蓋上塑膠盆或類似容器為佳。

13 最後發酵完成後，用刷子塗上薄薄的一層牛奶蛋液，注意勿讓麵團表面損傷。

14 撒上適量的披薩起司，以事先預熱至 160 ～ 170℃ 的烤箱烘焙 12 ～ 14 分鐘。

葡萄乾麵包

市售葡萄乾大多產自美國加州，但有些加州的葡萄乾因為海風而挾帶許多塵土，也曾聽說當地人為了防止葡萄乾彼此黏著或過於乾燥，會塗上植物性油脂作為藥劑。因此葡萄乾使用前，先以熱水汆燙，再用清水沖洗數次，充分瀝乾後再使用為佳。或者，也可以在洗淨後，浸泡於紅酒或蘭姆酒中冷藏保存。

Yield
4 個

Ingredients

高筋麵粉 266g
黑糖（或有機二號砂糖）
50g
鹽 5g
速發乾酵母 5g
酵母種 114g
牛奶 113g
有機雞蛋 60g
奶油 63g
葡萄乾 150g（處理過）

Inactive Prep
將葡萄乾用熱水稍微汆燙，再以冷水沖洗數次，用篩網瀝乾後浸泡於紅酒中備用。

Directions
麵團 ▶
一次發酵：45 ～ 50 分鐘
中間發酵：10 ～ 15 分鐘
最後發酵：45 ～ 50 分鐘
烘焙

Oven
將預熱至 200℃的烤箱以噴霧器加濕，再以 180 ～ 190℃烘焙 15 ～ 20 分鐘。

How to make

01 將高筋麵粉、黑糖、鹽、速發乾酵母放入不鏽鋼盆中拌勻。

Tips 注意避免讓速發乾酵母接觸到二號砂糖及鹽。黑糖屬於非精製糖，天然的香氣比人工香料更有質感。

02 粉狀材料拌勻後，放入酵母種、牛奶、有機雞蛋，攪拌至完全看不到粉狀顆粒，並凝結成一大塊。

Tips 若未準備酵母種，則可再放入高筋麵粉 68g、鹽 1.3g、速發乾酵母 0.7g、水 46g 一起攪拌。如此微量的材料，建議使用電子量匙。

03 麵團呈現一大塊狀後移至桌面，加入軟化的奶油。

04 反覆推、摺、壓、揉約 20 分鐘，直到麵團表面產生微小氣泡，變得平整光滑。

05 揉麵完成後，鋪上事先已經汆燙、洗淨雜質與油脂、浸泡紅酒的葡萄乾，一起混合揉勻。

06 將麵團揉成表面平滑的圓球狀後放入不鏽鋼盆中，覆蓋保鮮膜或濕布以避免麵團乾燥，靜置於溫熱處（30℃）一次發酵約 45 ～ 50 分鐘。

07 將食指沾滿麵粉，深深插入發酵過後的麵團，觀察孔洞是否不會變寬也不會變窄，確認麵團發酵的效果。

08 將麵團切成 4 等分（約 205g）。

09 將麵團整形成表面平滑的圓球狀。

10 蓋上塑膠盆或類似容器，靜置於室溫下進行中間發酵 10 ～ 15 分鐘。

中間發酵前

中間發酵後

11 用手按壓麵團，排出中間發酵產生的氣體。

12 再將麵團用三摺法的方式整形。

13 將麵團一端摺成三角形。

14 然後將麵團一層層地捲起來。

15 用手指將麵團接縫處仔細捏緊。

16 將烤盤塗上一層薄油，再將麵團排列在烤盤中。

17 蓋上塑膠盆或類似容器，避免麵團乾燥，靜置於溫熱處（30℃）進行最後發酵約 45 ～ 50 分鐘。

18 最後發酵完成後，透過篩網輕輕撒上全麥麵粉。

19 用刀子劃上菱形花紋，注意勿讓氣體排出。

20 烤箱預熱至200℃，再以噴霧器灑水加濕之後，再調整至 180 ～ 190℃烘焙 15 ～ 20 分鐘。

黑芝麻捲麵包

近來因養生風潮興起，黑芝麻、黑豆、黑米、海帶等深色食材大受矚目，其中黑芝麻內抗氧化物質的發現，也讓它迅速竄升為抗癌研究的新寵兒。除了搭配粥、湯、麵等鹹食，研磨後加入麵團攪拌，撒在麵包表面配色調味，都能感受黑芝麻的清香風味。附上一碗新鮮沙拉，讓人一整個早上都充滿活力。

Yield

長 19.5 × 寬 19.5 × 高 4.5cm
四方形模具 1 個

Ingredients

高筋麵粉 250g
黑糖（或有機二號砂糖）38g
黑芝麻粉 15g
鹽 5g
速發乾酵母 5g
有機雞蛋 58g
牛奶 72g
鮮奶油 30g
水 16g
奶油 30g
炒白芝麻 適量
炒黑芝麻 適量

Directions

麵團 ▶
一次發酵：50 分鐘
中間發酵：10 分鐘
最後發酵：45 ～ 50 分鐘
烘焙

Oven

以預熱至 170℃的烤箱烘焙 15 ～ 20 分鐘。

How to make

01 將高筋麵粉、黑糖、黑芝麻粉、鹽、速發乾酵母放入不鏽鋼盆中拌勻。

Tips 注意避免讓速發乾酵母接觸到二號砂糖及鹽。黑糖屬於非精製糖，天然的香氣比人工香料更有質感。

02 粉狀材料拌勻後，放入有機雞蛋、牛奶、水、鮮奶油，攪拌至完全看不到粉狀顆粒，並凝結成一大塊。

03 麵團呈現一大塊狀後，將麵團移至桌面，放入軟化的奶油。

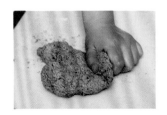

04 反覆推、摺、壓、揉約 15 ～ 20 分鐘，直到麵團表面產生微小氣泡，變得平整光滑。

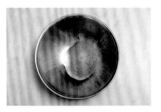

05 將麵團揉成表面平滑的圓球狀後放入不鏽鋼盆中。

06 覆蓋保鮮膜或濕布以避免麵團乾燥，靜置於溫熱處（30℃）進行一次發酵約 50 分鐘。接著將食指沾滿麵粉，深深插入發酵過後的麵團，觀察孔洞是否不會變寬也不會變窄，確認麵團發酵的效果。

07 將麵團切分成 16 等分（約 30g）。

08 將每一個小麵團揉成圓球狀。

09 蓋上塑膠盆或類似
容器，靜置室溫下
進行中間發酵 10 分鐘。

中間發酵前

中間發酵後

10 用手指滾動並按壓
麵團，以排出中間
發酵產生的氣體，也同時
讓麵團維持表面平滑的圓
球狀。

11 用手捏著接縫處不
放開，將麵團浸入
水中後拿起。

Tips 將麵團表面沾濕，才能
順利附著芝麻。

12 將一半的麵團沾上
黑芝麻，另一半沾
上白芝麻。

Tips 可用奶酥替代芝麻。奶
酥製作方法請見第 21 頁。

13 將四方形模具均勻
刷上一層油，再將
沾上白芝麻與黑芝麻的麵
團交叉排列於模具中。

14 蓋上塑膠盆或類似
容器，避免麵團乾
燥，靜置於溫熱處（30℃）
進行最後發酵約 45 ～ 50
分鐘。

15 放進先預熱至170℃
的烤箱中烘焙 15 ～
20 分鐘。

16 烘焙完成後抽除掉
模具，靜置於架上
放涼。

奶油捲麵包

準備柔軟香甜的奶油捲麵包,簡單搭配火腿、起司,製作成各種口味的夾心麵包,剛出爐的時候抹上奶油或覆盆莓醬,每一種吃法都美味無比。萬一覺得捲麵包很難整形,可以在中間發酵後,直接像餐包一樣揉成圓球形。

Yield
9 個

Ingredients

高筋麵粉 198g
有機二號砂糖 20g
鹽 3g
速發乾酵母 3g
牛奶 113g
有機雞蛋 16g
奶油 30g
牛奶蛋液 少許

Inactive Prep
牛奶蛋液：製作方法請見第 29 頁。

Directions
麵團 ▶
一次發酵：50 分鐘
中間發酵：10 分鐘
最後發酵：35 ～ 40 分鐘
烘焙

Oven
以預熱至 170℃的烤箱烘焙 11 ～ 12 分鐘。

How to make

01 將高筋麵粉、有機二號砂糖、鹽、速發乾酵母放入不鏽鋼盆中拌勻。

Tips 注意避免讓速發乾酵母接觸到二號砂糖及鹽。

02 粉狀材料拌勻後，再放入有機雞蛋、牛奶。

03 攪拌至完全看不到粉狀顆粒，並呈現一大塊團狀後，將麵團移至桌面，開始用手揉麵。

04 加入軟化的奶油，持續反覆推、摺、壓、揉約 20 ～ 25 分鐘，直到麵團表面產生微小氣泡，變得平整光滑。

05 將麵團揉成表面平滑的圓球狀後放入不鏽鋼盆中，覆蓋保鮮膜或濕布以避免麵團乾燥，靜置於溫熱處（30℃）進行一次發酵約 50 分鐘。

06 將食指沾滿麵粉，深深插入發酵過後的麵團，觀察孔洞是否不會變寬也不會變窄，確認麵團發酵的效果。

Tips 將手指插入麵團並觀察孔洞是否回彈，這個過程稱為發酵效果測試。若孔洞回彈縮小，表示發酵尚未完成；若孔洞向外擴張，表示麵團過度發酵。反之，若孔洞維持手指的模樣不變，則代表發酵程度適中。

07 將麵團切分成 9 等分（約 42g）。

08 排出麵團內的氣體後，將每一個小麵團揉成圓球狀。

09 用手將麵團搓成一邊圓、一邊尖的蝸牛模樣。

中間發酵前

中間發酵後

10 中間發酵完成後，將擀麵棍壓在麵團的尖端處，慢慢往圓頭的方向擀平。

11 擀平後的麵團須維持平均厚度。

12 將麵團由圓頭往尖端的方向捲起。

13 仔細處理最後的接縫處，避免捲好的麵團散開。

14 將烤盤塗上薄薄的一層油，再將所有捲好的麵團平均排列在烤盤中，靜置於溫熱處（30℃）進行最後發酵約45～50分鐘。

Tips 最後發酵時的麵團保濕處理，若以濕布或保鮮膜覆蓋，會容易沾黏在麵團上，應蓋上塑膠盆或是類似容器為佳。

最後發酵後

Tips 注意勿讓最後發酵的時間過久，否則會破壞麵團捲起的線條與模樣。

15 最後發酵完成後，在麵團表面刷上牛奶蛋液，注意不可讓麵團表面損壞。

16 以先預熱至170℃的烤箱烘焙11～12分鐘。

檸檬捲麵包

將麵團放入義大利潘娜朵妮麵包的模具中烘焙，製作出上方圓圓的可愛造型。如果沒有潘娜朵妮麵包的模具，可以像我這樣用鐵罐替代，不用特地添購也能做出漂亮的成品。

Yield

直徑 10 × 高 12cm
圓形模具 1 個

Ingredients

高筋麵粉 160g
有機二號砂糖 39g
鹽 3g
速發乾酵母 3g
脫脂奶粉 7g
檸檬皮屑 1 顆
有機雞蛋 32g
蛋黃 16g
水 60g
檸檬汁 4g
奶油 48g
奶油（融化後塗在模具內）少許
牛奶蛋液 少許

表面光澤塗層
糖霜粉 80g
融化奶油 8g
牛奶 8g
檸檬汁 16g

Inactive Prep

牛奶蛋液：製作方法請見第 29 頁。

Directions

麵團 ▶
一次發酵：50 分鐘
中間發酵：15 分鐘
最後發酵：40 ～ 45 分鐘
烘焙

Oven

以預熱至 170℃的烤箱烘焙 20 ～
25 分鐘。

How to make

01 將高筋麵粉、有機二號砂糖、鹽、速發乾酵母、脫脂奶粉、檸檬皮屑放入不鏽鋼盆中，混合均勻後再放入有機雞蛋、蛋黃、水、檸檬汁，攪拌至呈現一大塊麵團狀即可。

02 將麵團移至桌面，放入軟化的奶油。

03 將奶油混合均勻後，持續反覆推、摺、壓、揉約 20 ～ 25 分鐘，直到麵團表面產生微小氣泡，變得平整光滑。

04 將麵團揉成表面平滑的圓球狀後放入不鏽鋼盆中。

05 覆蓋保鮮膜或濕布以避免麵團乾燥，靜置於溫熱處（30℃）一次發酵約 50 分鐘後，接著將食指沾滿麵粉並插入麵團中，確認麵團發酵的效果。

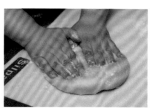

06 將麵團移至桌面，用手按壓發酵後的麵團以排出氣體。

07 將麵團揉成表面光滑的圓球狀。

08 蓋上不鏽鋼盆或類似容器,避免麵團乾燥,靜置於室溫中間發酵 15 分鐘。

09 用手按壓麵團,排出中間發酵產生的氣體。

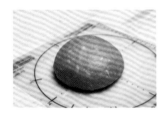

10 依據模具的尺寸,將麵團揉成尺寸適當的圓球狀。

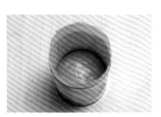

11 將模具底部塗上一層奶油,再將模具內側與底部鋪上烘焙紙,放入整形好的麵團。

Tips 隨機將奶油塗在模具內側各處,能幫助烘焙紙附著固定。

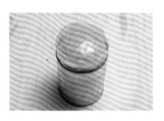

12 靜置溫熱處(30℃)進行最後發酵約 40 ～ 45 分鐘。

13 最後發酵完成後,謹慎在麵團表面刷上牛奶蛋液,注意勿讓麵團產生損壞。接著放入事先預熱至 170℃的烤箱中,烘焙 20 ～ 25 分鐘。

14 先將表面光澤塗層的材料全部混合拌勻,趁麵包剛烤好的時候塗在表面。

15 抽除掉模具,靜置於架上放涼。

核桃捲麵包

看起來很像妖怪的狼牙棒吧？雖然外表不討喜，但滋味卻是一級棒。烘焙前在麵團表面擠上大量杏仁果奶醬，如果在麵包出爐、冷卻後馬上享用，就能吃到香酥脆口的心動感覺。就算冷凍再重新加熱，外酥內軟的風味依舊。

Yield

5 個

Ingredients

高筋麵粉 133g
中筋麵粉 57g
奶粉 6g
有機二號砂糖 29g
鹽 3.5g
速發乾酵母 3.5g
水 80g
有機雞蛋 38g
鮮奶油 10g
奶油 29g
杏仁果奶醬 120g
碎杏仁果 適量
牛奶蛋液 適量

Inactive Prep

牛奶蛋液：製作方法請見第 29 頁。

Directions

麵團 ▶

一次發酵：45 ～ 50 分鐘
中間發酵：10 分鐘
最後發酵：40 ～ 45 分鐘
烘焙

Oven

以預熱至 170 ～ 180℃的烤箱烘焙 12 ～ 15 分鐘。

How to make

01 將高筋麵粉、中筋麵粉、奶粉、有機二號砂糖、鹽、速發乾酵母放入不鏽鋼盆中拌勻。

Tips 注意避免讓速發乾酵母接觸到二號砂糖及鹽，否則會讓酵母失去活性而影響發酵效果。

02 粉狀材料拌勻後，放入水、有機雞蛋、鮮奶油，攪拌至完全看不到粉狀顆粒。

03 呈現一大塊的團狀後，將麵團移至桌面，加入軟化的奶油。

04 奶油混合均勻後，反覆推、摺、壓、揉約 15 ～ 20 分鐘。

製作杏仁果奶醬

材料：奶油 30g、磨過的有機二號砂糖 30g、鹽少許、有機雞蛋 30g、中筋麵粉 5g、杏仁粉 25g、蘭姆酒少許

❶ 將事先靜置於室溫軟化的奶油壓平。
❷ 將奶油、磨過的有機二號砂糖、鹽混合拌勻。
❸ 將事先靜置於室溫回溫的有機雞蛋，分成四、五次放入 ❷ 中拌勻，勿讓材料彼此分離。
❹ 透過篩網放入中筋麵粉及杏仁粉，攪拌均勻後放入少許蘭姆酒。

05 將麵團揉成表面平滑圓球狀後放不鏽鋼盆中，覆蓋保鮮膜或濕布以避免麵團乾燥，靜置於溫熱處（30℃）進行一次發酵約 45～50 分鐘。

06 將食指沾滿麵粉，深深插入發酵過後的麵團，觀察孔洞是否不會變寬也不會變窄，確認麵團發酵的效果。

07 將麵團切分成 5 等分（約 76g），再揉成圓球狀。

08 將麵團置於左手掌心，以右手手指握住麵團滾動。

09 蓋上塑膠盆或類似容器，靜置於室溫進行中間發酵約 10 分鐘。

中間發酵前

中間發酵後

10 中間發酵完成後，用手按壓麵團，排出中間發酵產生的氣體。

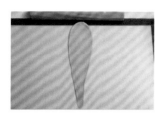

11 將麵團由上往下一層層捲起來。

12 用手指將麵團接縫處捏緊。

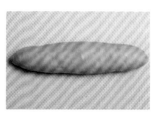

13 將麵團整形成長條棒形。

14 將麵團表面刷上一層牛奶蛋液，再均勻沾上碎杏仁果。

15 將烤盤塗上薄薄一層油，再將所有麵團平均排列在烤盤中，蓋上塑膠盆或類似容器，靜置於溫熱處（30℃）進行最後發酵約 40～45 分鐘。

最後發酵後

16 均勻擠上大量的杏仁果奶醬。

17 以事先預熱至 170～180℃ 的烤箱烘焙 12～15 分鐘。

馬鈴薯培根硬麵包

我在懷大兒子的時候，曾經因為害喜嚴重而全身癱軟，臨時在百貨公司的地下街吃了馬鈴薯培根硬麵包，才稍微恢復氣力。回想著當時的滋味試做了幾個，難道是潛意識的影響嗎？竟意外獲得大兒子的讚賞。

Yield

6 個

Ingredients

高筋麵粉 206g
有機二號砂糖 5g
鹽 4g
速發乾酵母 3g
牛奶 25g
水 105g
橄欖油 10g
馬鈴薯（煮熟）6 塊
帕馬森起司粉 少許
培根 6 片

Inactive Prep

事先將馬鈴薯煮熟，並趁熱
加入帕馬森起司粉，讓起司
粉能順利入味。

Directions

麵團 ▶
一次發酵：55 ～ 60 分鐘
中間發酵：15 分鐘
最後發酵：30 ～ 40 分鐘
烘焙

Oven

以預熱至 200℃的烤箱加熱
10 分鐘，再以 170℃烘焙
10 分鐘。

How to make

01 將高筋麵粉、有機
二號砂糖、鹽、速
發乾酵母放入不鏽鋼盆中
拌勻。

Tips 注意避免讓速發乾酵母
接觸到二號砂糖及鹽。

02 粉狀材料拌勻後，
再放入牛奶、水、
橄欖油。

03 攪拌至呈現一大塊
團狀後，將麵團移
至桌面，持續反覆推、摺、
壓、揉約 15 ～ 20 分鐘，
直到麵團表面產生微小氣
泡，變得平整光滑。

04 將麵團揉成表面平
滑的圓球狀後放入
不鏽鋼盆中，覆蓋保鮮膜
或濕布以避免麵團乾燥，
靜置於溫熱處（30℃）進
行一次發酵，約 55 ～ 60
分鐘。

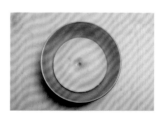

05 將食指沾滿麵粉，
深深插入一次發酵
過後的麵團，觀察孔洞是
否不會變寬也不會變窄，
確認麵團發酵的效果。

06 將麵團切分成 6 等
分（約 57g）。

07 排出麵團內的氣體後，再將每一個小麵團揉成表面平滑的圓球形狀。

08 蓋上塑膠盆或類似容器，靜置於室溫進行中間發酵約 15 分鐘。

09 麵團進行中間發酵的同時，仔細將馬鈴薯塊用培根捲起。

中間發酵後

10 中間發酵完成後，用手按壓麵團，排出中間發酵產生的氣體。

11 將捲著馬鈴薯的培根仔細用麵團包裹住，並用手指將麵團接縫處捏緊。

12 將烤盤塗上薄薄的一層油，再將所有整形好的麵團平均排列在烤盤中，蓋上塑膠盆或類似容器，靜置於溫熱處（30℃）進行最後發酵約 35 ～ 40 分鐘。

13 將剪刀用清水沾濕後，在麵團中央剪出十字狀缺口。

14 事先將烤箱預熱至 200℃，用噴霧器噴水加濕後，放入麵團加熱 10 分鐘，再調整至 160℃ 繼續烘焙 10 分鐘。

楓糖麵包

楓糖是由楓樹液烹煮調理而成，據說因為非常容易燒焦，需要高明又纖細的技術。楓糖濃縮了楓樹液的甜味，甜度比等量的砂糖高兩倍，也具有砂糖比不上的深度與香氣。但若以一般砂糖替代楓糖，砂糖量應稍微減少。

Yield

直徑 15 × 高 2cm
圓形模具 1 個

Ingredients

高筋麵粉 180g
楓糖 25g
鹽 3g
速發乾酵母 3g
水 25g
牛奶 63g
鮮奶油 30g
奶油 27g
奶油（融化）少許
楓糖 適量
碎核桃 適量
楓糖漿 適量

Directions

麵團 ▶
一次發酵：45 ～ 50 分鐘
最後發酵：45 ～ 50 分鐘
烘焙

Oven

以預熱至 170℃的烤箱烘焙
25 ～ 30 分鐘。

How to make

01 將高筋麵粉、楓糖、鹽、速發乾酵母放入不鏽鋼盆中拌勻。

Tips 注意避免讓速發乾酵母接觸到二號砂糖及鹽。

02 粉狀材料混合均勻後，再放入水、牛奶、鮮奶油，攪拌至完全看不到粉狀顆粒，並呈現一大塊麵團狀。

03 麵團凝結成一大塊後移至桌面，放入軟化的奶油（27g）。

04 將奶油混合均勻之後，持續用手揉麵，反覆推、摺、壓、揉約 15 ～ 20 分鐘。

05 將麵團揉成表面平滑的圓球狀後放入不鏽鋼盆中，覆蓋保鮮膜或濕布以避免麵團乾燥，靜置於溫熱處（30℃）進行一次發酵約 50 分鐘。

06 將食指沾滿麵粉，深深插入一次發酵過後的麵團，觀察孔洞是否不會變寬也不會變窄，確認麵團發酵的效果。

07 一次發酵完成後，將麵團移至桌面，用擀麵棍擀平。

08 將融化奶油薄薄刷在麵團表面，再撒上楓糖。

09 將碎核桃與楓糖漿混合拌勻。

10 將碎核桃均勻鋪在麵團表面。

11 將麵團由下往上緊緊捲起。

12 用手指將麵團接縫處捏緊。

13 用棉線或釣魚線將麵團切成 10 等分。

Tips 若不用棉線或釣魚線而以刀子切，麵團中的核桃就會容易掉出來。

14 將模具的內側刷上一層油，將麵團依照圖片中的造型排列在模具內。

15 蓋上塑膠盆或類似容器，避免麵團乾燥，靜置於溫熱處（30℃）進行最後發酵約 45 ～ 50 分鐘。

16 以先預熱至 170℃ 的烤箱烘焙 25 ～ 30 分鐘。

17 烘焙完成後抽除掉模具，靜置於架上放涼。

柚子布里歐

大家喜歡在冬天喝杯熱騰騰的柚子茶嗎？用酸甜多汁的果肉製成柚子醬，不僅能泡茶喝，還能變成布里歐的創意口味，以柚子的清香搭配奶油的甜蜜，不僅大幅提升食欲，還能帶來愉悅的好心情。這種以奶油和雞蛋為主材料的布里歐，外脆內軟的口感深受法國人喜愛。現在，就讓我們佐一杯咖啡，享受一頓法式下午茶吧！

Yield

底部直徑 4 × 高 5cm
比重杯 12 個

Ingredients

高筋麵粉 215g
有機二號砂糖 39g
鹽 4g
速發乾酵母 4g
牛奶 50g
有機雞蛋 82g
蛋黃 9g
奶油 82g
柚子醬果肉
(瀝乾、切碎) 70g
奶油 少許
牛奶蛋液 少許

Inactive Prep

牛奶蛋液:製作方法請見第
29 頁。

Directions

麵團 ▶
一次發酵:45 ～ 50 分鐘
中間發酵:10 分鐘
最後發酵:40 ～ 45 分鐘
烘焙

Oven

以預熱至 170℃的烤箱烘焙
12 ～ 13 分鐘。

How to make

01 將高筋麵粉、有機二號砂糖、鹽、速發乾酵母放入不鏽鋼盆中拌勻,接著再放入牛奶、有機雞蛋、蛋黃。

Tips 注意避免讓速發乾酵母接觸到二號砂糖及鹽。

02 攪拌至完全看不到粉狀顆粒,並呈現一大塊麵團狀。

03 麵團凝結成一大塊後移至桌面,持續用手揉麵,反覆推、摺、壓、揉約 20 分鐘。

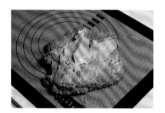

04 麵團變得平滑後,將軟化的奶油分成兩次加入麵團中揉勻。

05 持續將麵團揉至表面產生微小氣泡,變得平整光滑。

06 放入切碎的柚子醬果肉後揉勻。

Tips 若從柚子醬中取出的果肉水份過多,麵團容易變得稀軟。應將果肉浸泡於微溫水中洗淨,以篩網瀝水後,再用棉布吸水壓乾。

07 將麵團揉成表面平滑的圓球狀後放入不鏽鋼盆中,覆蓋保鮮膜或濕布以避免麵團乾燥,靜置於溫熱處(30℃)進行一次發酵,約 45 ～ 50 分鐘。

08 將食指沾滿麵粉,深深插入一次發酵過後的麵團,觀察孔洞是否不會變寬也不會變窄,確認麵團發酵的效果。

09 將麵團切成 12 等分(46g)。

10 將麵團捏成圓球狀，同時排出發酵產生的氣體。

11 蓋上塑膠盆或類似容器，靜置室溫下進行中間發酵 10 分鐘。

12 將每個比重杯都放入杯子蛋糕紙托。

Tips 可用瑪芬杯替代比重杯。

13 用手指滾動並按壓麵團，排出中間發酵所產生的氣體，同時也讓麵團維持表面平滑的圓球狀。

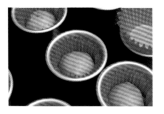

14 將麵團逐一放入杯子蛋糕紙托中，平均排列在烤盤內，蓋上塑膠盆或類似容器，避免麵團乾燥，靜置於溫熱處（30℃）進行最後發酵約 40～45 分鐘。

最後發酵前

最後發酵後

15 最後發酵完成後，塗上薄薄的一層牛奶蛋液，注意勿讓麵團表面損傷。

16 將剪刀尖端用牛奶蛋液沾濕，在麵團中央剪出十字狀缺口。

17 在十字狀缺口中央放入少許奶油。

18 放進事先預熱至 170℃ 的烤箱烘焙 12～13 分鐘。

19 烘焙完成後抽除比重杯，靜置於架上放涼。

韭菜英式瑪芬

我們家的孩子非常喜歡麥當勞的元氣早餐。但我實在不懂,那種沒有蔬菜,只有培根、煎蛋和起司的東西,到底哪裡好吃?當我試著在家複製麥當勞早餐,特地放了生菜進去,孩子們卻將生菜抽出來不吃。本來只是為了對付他們而直接將蔬菜拌入麵團,卻意外發現這個方法能保留蔬菜香味,同時除去雞蛋或培根的腥味。

Yield

直徑 10 × 高 2.5cm
圓形模具 10 個

Ingredients

高筋麵粉 240g
脫脂奶粉 12g
有機二號砂糖 14g
鹽 4g
速發乾酵母 4g
韭菜汁 155g
酵母種 80g
橄欖油 12g
碎韭菜 30g
碎紅椒 40g
碎洋蔥 40g
玉米粉 適量

Inactive Prep

● 韭菜汁：將汆燙、瀝乾後韭菜 15g
磨碎後，再加入 140g 的水即可完成
約 155g 的分量。
● 將碎韭菜 30g、碎紅椒 40g、碎洋
蔥 40g 一起用少許橄欖油熱炒備用。
● 酵母種製作方法請見第 20 頁。

Directions

麵團 ▶
一次發酵：50 分鐘
中間發酵：10 分鐘
最後發酵：模具 8 分滿
烘焙

Oven

以預熱至 170℃的烤箱烘焙 12 分鐘。

How to make

01 將高筋麵粉、脫脂
奶粉、有機二號砂
糖、鹽、速發乾酵母放入
不鏽鋼盆中拌勻。

Tips 注意避免讓速發乾酵母
接觸到二號砂糖及鹽。

02 粉狀材料拌勻後，
放入韭菜汁、酵母
種、橄欖油，攪拌至完全
看不見粉狀顆粒，呈現一
大塊麵團狀。

Tips 若未準備酵母種，可放
高筋麵粉 47g、鹽 0.9g、速
發乾酵母 0.5g、水 32g 一起
攪拌。如此微量的材料建議
使用電子量匙。

03 將麵團移至桌面，
用手反覆推、摺、
壓、揉約 15～20 分鐘。

04 放炒過的碎韭菜、
碎紅椒及碎洋蔥，
一起攪拌揉勻。

05 將麵團揉成表面平
滑的圓球狀，覆蓋
保鮮膜或濕布以避免麵
團乾燥，靜置於溫熱處
（30℃）一次發酵約 50
分鐘。

06 將食指沾滿麵粉，
深深插入發酵過後
的麵團，觀察孔洞是否不
會變寬也不會變窄，確認
麵團發酵的效果。

07 將麵團切成 10 等分（約 59g）。

08 將圓形模具平均排列在烤盤中，套入事先剪裁成長條狀的不沾烤盤布或烘焙紙，適量撒上玉米粉。

09 將麵團置於左手掌心，以右手手指握住麵團滾動，排出麵團中的氣體，同時將麵團整形成圓球狀。

10 將麵團逐一放在模具中央。

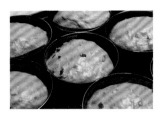

11 蓋上塑膠盆或類似容器，避免麵團乾燥，靜置於溫熱處（30℃）進行最後發酵，直到麵團膨脹至模具的 8 分滿。

12 撒上少許玉米粉，覆蓋不沾烤盤布或烘焙紙。

13 壓上另一片烤盤。

Tips 壓上另一片烤盤，才能使成品保持扁平模樣。

14 送入先預熱至170℃的烤箱中烘焙 12 分鐘，完成後抽除模具放涼。

長條甜甜圈

被丈夫暱稱為「甜甜棒」，蟬聯丈夫最愛麵包類冠軍，但卻不能常常做的品項。並不是因為我討厭丈夫，而是每次做完，就會發生失去自制力、不斷送進嘴巴的恐怖事件。不過也好久沒吃了，今天就破戒吧！

Yield
8 個

Ingredients

高筋麵粉 198g
中筋麵粉 50g
肉豆蔻 1g
檸檬皮屑 半顆
有機二號砂糖 24g
鹽 4g
速發乾酵母 8g
水 42g
牛奶 77g
有機雞蛋 37g
奶油 30g
炸油 適量
有機二號砂糖 適量
肉桂粉 少許

Directions
麵團 ▶
一次發酵：40 ～ 45 分鐘
中間發酵：10 分鐘
最後發酵：30 分鐘
油炸

How to make

01 將高筋麵粉、中筋麵粉、肉豆蔻、檸檬皮屑、有機二號砂糖、鹽、速發乾酵母放入不鏽鋼盆中拌勻。

Tips 注意避免讓速發乾酵母接觸到二號砂糖及鹽。

02 粉狀材料拌勻後，放入水、牛奶、有機雞蛋拌勻。

03 麵團呈現一大塊狀後移至桌面，加入軟化的奶油。

04 將奶油混合均勻之後，反覆推、摺、壓、揉約 15 ～ 20 分鐘，直到麵團表面產生微小氣泡，變得平整光滑。

05 將麵團揉成表面平滑的圓球狀後放入不鏽鋼盆中，覆蓋保鮮膜或濕布以避免麵團乾燥，靜置於溫熱處（30℃）一次發酵約 40 ～ 45 分鐘。

06 將食指沾滿麵粉，深深插入發酵過後的麵團，觀察孔洞是否不會變寬也不會變窄，確認麵團發酵的效果。

07 將麵團分成 8 等分（約 60g）。

08 將麵團置於左手掌心，以右手手指握住麵團滾動。

09 排出麵團中的氣體，同時將麵團整形成表面平滑的圓球狀。

10 蓋上塑膠盆或類似容器，靜置室溫下進行中間發酵 10 分鐘。

11 中間發酵完成後，用手按壓麵團，排出中間發酵產生的氣體。

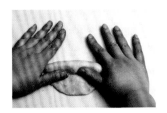

12 將麵團層層捲起。

13 用雙手輕壓住麵團並上下滾動，慢慢將麵團拉長。

14 再將麵團搓成 30cm 的長條狀。

15 抓住麵團兩端，將麵團捲成麻花狀，並將兩端接合處壓緊。

16 將烤盤塗上充足的油，將麵團平均排列於烤盤內。

Tips 麻花捲的厚度應保持平均。烤盤塗上一層油，才能避免麵團在最後發酵後與烤盤沾黏。

17 蓋上塑膠盆或類似容器，避免麵團乾燥，靜置於溫熱處（30℃）進行最後發酵約 30 分鐘。

Tips 倘若最後發酵的時間過長，麵團會變得難以用手抓取，增添油炸的難度。

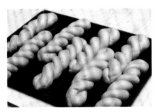

最後發酵後

18 將麵團逐一放入 180℃的油鍋中，各別油炸 1 分鐘。

19 事先在適量的有機二號砂糖中，將 1% 肉桂粉放入並拌勻，待麵團冷卻後沾取享用。

咕咕洛夫

如果沒有咕咕洛夫模具，只要將所有材料改為原本的 1.8 倍，以基本吐司模具烘焙即可。   後，可再刷上「檸檬捲麵包」中介紹的光澤塗層增添風味。

Yield

上緣直徑 16 × 高 9cm
咕咕洛夫模具 1 個

Ingredients

高筋麵粉 170g
有機二號砂糖 43g
鹽 3g
速發乾酵母 4g
檸檬皮屑 1 顆
牛奶 76g
蛋黃 34g
奶油 60g
酒漬乾果 139g

Inactive Prep

● 酒漬乾果：將葡萄乾
100g、橙皮 30g、柑曼怡橙
酒 9g 混合拌勻即可製成。
● 將模具內側刷上一層融化
的奶油。

Directions

麵團 ▶
一次發酵：45 ～ 50 分鐘
中間發酵：15 分鐘
最後發酵：低於模具 2cm
烘焙

Oven

以預熱至 170℃的烤箱烘焙
20 ～ 25 分鐘。

How to make

01 將高筋麵粉、有機二號砂糖、鹽、速發乾酵母、檸檬皮屑放入不鏽鋼盆中拌勻。

Tips 注意避免讓速發乾酵母接觸到二號砂糖及鹽，否則會讓酵母失去活性而影響發酵效果。

02 粉狀材料拌勻後，放入牛奶、蛋黃，攪拌至完全看不到粉狀顆粒，呈現一大塊麵團狀。

03 麵團凝結成一大塊後，移至桌面上，分兩次加入軟化的奶油。

Tips 由於奶油分量較多，分兩次加入混合，可節省攪拌揉麵的時間。

04 奶油混合均勻後，反覆推、摺、壓、揉約 15 ～ 20 分鐘，直到麵團表面產生微小氣泡，變得平整光滑。

05 用手拉扯麵團，確定麵團充分出筋，可透出手指顏色而且不易破裂。

06 將麵團中放入酒漬乾果混合揉勻。

07 將麵團揉成表面平滑的圓球狀後放入不鏽鋼盆中，覆蓋保鮮膜或濕布以避免麵團乾燥，靜置於溫熱處（30℃）一次發酵約 45 ～ 50 分鐘。

08 將食指沾滿麵粉，深深插入發酵過後的麵團，觀察孔洞是否不會變寬也不會變窄，確認麵團發酵的效果。

09 用手將麵團揉成圓球狀，同時排出發酵產生的氣體。

10 蓋上塑膠盆或類似容器，靜置於室溫進行中間發酵約 15 分鐘。

中間發酵前　　　　　　**中間發酵後**

11 再次用手將麵團按壓、整形成圓球狀，同時排出中間發酵產生的氣體。

12 用擀麵棍在麵團中央壓出一個圓孔。

13 事先將咕咕洛夫模具內側刷上一層融化奶油，並在底層均勻排列杏仁果。

14 將麵團穿過模具中央的圓柱放入模具內，注意勿讓杏仁果重疊或移位。

15 進行保濕處理後，將麵團靜置於溫熱處（30℃）進行最後發酵，直到麵團膨脹至低於模具 2cm。

16 以先預熱至 170℃的烤箱烘焙 20 ～ 25 分鐘。

17 抽除模具，靜置於架上放涼。

熱狗甜甜圈

大家還記得小時候，學校門口賣的一種外層裹著麵衣的熱狗嗎？剛炸好的麵衣熱狗，擠上滿滿的調味番茄醬，邊吃邊走回家，充滿了幸福滿足的孩提時期。雖然長大之後才明白，那是含有大量人工添加物的垃圾食物，總是叮嚀自己的孩子不要吃，卻又不想看到他們失望的表情。只好以健康營養的媽媽牌熱狗，讓他們擁有快樂的課後回憶。

Yield
6 個

Ingredients

高筋麵粉 170g
中筋麵粉 30g
有機二號砂糖 20g
鹽 4g
速發乾酵母 4g
水 22g
牛奶 66g
有機雞蛋 20g
鮮奶油 30g
奶油 20g
熱狗 6 根

Directions
麵團 ▶
一次發酵：45 ～ 50 分鐘
中間發酵：10 分鐘
最後發酵：40 ～ 45 分鐘
烘焙

Oven
以預熱至 170℃的烤箱烘焙
12 ～ 14 分鐘。

How to make

01 將高筋麵粉、中筋麵粉、有機二號砂糖、鹽、速發乾酵母放入不鏽鋼盆中拌勻。

Tips 注意避免讓速發乾酵母接觸到二號砂糖及鹽。

02 粉狀材料拌勻後，放入水、牛奶、有機雞蛋、鮮奶油，攪拌至完全看不到粉狀顆粒，呈現一大塊麵團狀。

03 麵團凝結成一大塊後，將麵團移至桌面，加入軟化的奶油。

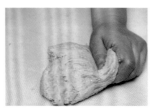

04 奶油混合均勻後，反覆推、摺、壓、揉約 15 ～ 20 分鐘，直到麵團表面產生微小氣泡，變得平整光滑。

05 將麵團揉成表面平滑的圓球狀後放入不鏽鋼盆中，覆蓋保鮮膜或濕布以避免麵團乾燥，靜置於溫熱處（30℃）一次發酵約 45 ～ 50 分鐘。

06 將食指沾滿麵粉，深深插入一次發酵過後的麵團，觀察孔洞是否不會變寬也不會變窄，確認麵團發酵的效果。

07 將麵團分成 6 等分（約 54g）。

08 將麵團置於左手掌心，排出麵團中的氣體，同時將麵團整形成表面平滑的圓球狀。

09 蓋上塑膠盆或類似容器，靜置室溫下進行中間發酵 10 分鐘。

中間發酵後

10 中間發酵完成後，用手將麵團壓扁，排出中間發酵後所產生的氣體。

11 將麵團以三摺法的方式整形。

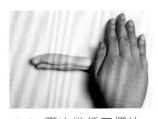

12 再次進行三摺法，此時麵團會變成長條狀。

13 雙手慢慢將麵團滾動、拉長至30cm。

14 將麵團平均捲在熱狗表面。

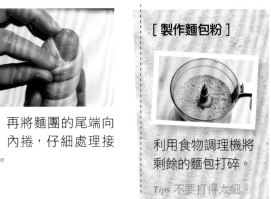

[製作麵包粉]

利用食物調理機將剩餘的麵包打碎。

Tips 不要打得太細。

15 再將麵團的尾端向內捲，仔細處理接合處。

16 將麵團表面沾濕，再均勻裹上麵包粉。

Tips 先將麵團沾濕，才能順利沾黏麵包粉。

17 將烤盤刷上一層油，再將麵團平均排列在烤盤中，蓋上塑膠盆或類似容器，避免麵團乾燥，靜置於溫熱處（30℃）進行最後發酵約40～45分鐘。

最後發酵後

18 放進已先預熱至170℃的烤箱烘焙12～14分鐘。

手作黑糖餅

16 年前，我第一次購買麵包機製作出來的品項，就是韓國傳統的黑糖餅。雖然在韓國都能輕易看到販賣黑糖餅的路邊攤，但總是過於油膩或太甜。自己試過一次之後，就漸漸習慣自行製作健康又不膩口的傳統點心。將中筋麵粉其中的 30g 改為糯米粉，就能讓黑糖餅皮更 Q 彈有嚼勁。

Yield
8 個

Ingredients
A
中筋麵粉 270g
有機二號砂糖 18g
鹽 4g、速發乾酵母 4g
水 70g、牛奶 50g
鮮奶油 60g
葡萄籽油 2 大匙

B 內餡
黑糖（或紅糖）120g
碎堅果 120g、肉桂粉 適量

Directions
麵團 ▶
一次發酵：40 ～ 45 分鐘
中間發酵：10 分鐘
最後發酵：30 分鐘
油煎

How to make

01 將中筋麵粉、有機二號砂糖、鹽、速發乾酵母放入不鏽鋼盆中拌勻。

Tips 注意避免讓速發乾酵母接觸到二號砂糖及鹽。

02 粉狀材料拌勻後，放入水、牛奶、鮮奶油、葡萄籽油，攪拌至完全看不到粉狀顆粒，呈現一大塊麵團狀。

03 將麵團揉成表面平滑的圓球狀後放不鏽鋼盆中，覆蓋保鮮膜或濕布以避免麵團乾燥，靜置於溫熱處（30℃）進行一次發酵約40～45分鐘。

04 將食指沾滿麵粉，插入一次發酵過後麵團，觀察孔洞是否不會變寬變窄，確認發酵效果。

05 將麵團分成 8 等分（約 62g）。

06 用手將麵團揉成表面平滑的圓球狀，同時排出麵團內所產生的發酵氣體。

07 蓋上塑膠盆或類似容器，靜置室溫下進行中間發酵 10 分鐘。

中間發酵後

08 中間發酵完成後，用手將麵團壓扁，排出中間發酵產生氣體。

09 將內餡材料全部混合拌勻，各取 30g 包入麵團中。

10 仔細將麵團接縫處捏緊。

11 將烤盤刷油，麵團排烤盤中，蓋上塑膠盆或類似容器，避免麵團乾燥，置溫熱處（30℃）進行最後發酵 30 分鐘。

Tips 將麵團放在刷油的烤盤中發酵，可避免麵團與烤盤互相沾黏。

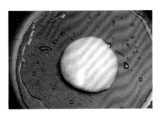

12 將平底鍋預熱、倒入適量油，逐一將麵團煎熟。

Tips 朝下的部分煎出金黃色後翻面，等另一面上色後，小心將麵團壓平，才不會讓內餡溢出。

13 翻面煎至金黃色。

Tips 非精製黑糖的溶點比一般紅糖高，倘若以大火油煎，容易使外皮燒焦而內餡未熟。建議在加熱時維持小火，不時蓋上鍋蓋燜煎，讓內部的黑糖也能均勻受熱。

Chapter 2
健康餅乾與甜點

製作前的小叮嚀

• 事先將奶油靜置於室溫下，讓奶油回溫、軟化到可用手指
  輕易按壓的狀態。

• 有機二號砂糖的顆粒較粗並呈不規則狀，可事先以調理機
  研磨，避免因融化不全而留下砂糖顆粒。

• 餅乾完成的數量及體積，可能因材料攪拌狀態、麵團的溫
  度及烤箱的溫度而出現差異。

燕麥餅乾

剛開始學習烘焙時，我曾將攪拌好的燕麥餅麵團放進冰箱，出門一趟回來，發現變成完全無法加熱烘烤的狀態，只好全數倒進廚餘桶。雖然大部分的餅乾麵團都可以冷藏保存，但燕麥餅卻必須馬上烘烤。吸水力極強的燕麥乾，搶走了奶油和雞蛋的水分，不僅麵團無法凝結成塊，烤起來也非常鬆散。剩餘的燕麥也須確實密封，冷藏或冷凍保鮮。也可以放入 1 ～ 2 包食物乾燥劑。

Yield
直徑 6 ～ 7cm
約 16 個

Ingredients
奶油 75g
有機二號砂糖 65g
鹽 0.5g
有機雞蛋 23g
麥芽糖 13g
中筋麵粉 80g
泡打粉 1/4 小匙
肉桂粉 1/4 小匙
肉豆蔻 少許
燕麥 46g
碎杏仁果 45g
前置處理過的蔓越莓 49g

Oven
以預熱至 160 ～ 170℃的烤箱烘焙 20 分鐘。

How to make

01 將事先置於室溫下軟化的奶油放入不鏽鋼盆，壓平後放入有機二號砂糖、鹽拌勻。

Tips 事先將奶油靜置於室溫下，讓奶油回溫、軟化到可用手指輕易按壓的狀態。可用橡皮刮刀混合材料。

02 將有機雞蛋分成 3 ～ 4 次混合拌勻。

Tips 事先將雞蛋靜置於室溫下回溫。

03 再放入麥芽糖攪拌均勻。

04 透過篩網放入中筋麵粉、泡打粉、肉桂粉、肉豆蔻。

05 將橡皮刮刀直立，彷彿用刀切一樣去攪拌。

06 放燕麥、碎杏仁果、前置處理過的蔓越莓混合，但不要過度攪拌。

Tips 外型扁圓的燕麥善於吸收水分，因此也容易受潮並產生異味。可在使用前將燕麥平鋪在烤盤中，以事先預熱至 150℃的烤箱烘烤 5 ～ 8 分鐘。另外可用巧克力豆替代蔓越莓。

07 完成麵團。

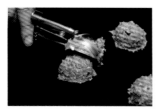

08 勿讓麵團靜置，立即利用挖杓取出適量，平均排列在烤盤內。

Tips 使用挖杓可取出分量相當的麵團，讓成品的體積與數量保持平均。也可用大一點的湯匙替代。

09 用手指將一球球麵團壓平。

10 以事先預熱至 160 ～ 170℃的烤箱烘焙 20 分鐘。

巧克力豆餅乾

所有對烘焙有興趣的人,一定都試過這款巧克力豆餅乾。無論是製作的過程、烘烤的程度、糖的分量,只要有一個環節稍微不同,就會讓成品產生極大的差異,帶來相當的趣味與成就感。我會加入一些用調理機磨過的燕麥、研磨過的核桃粉或杏仁果粉,讓巧克力豆餅乾變得更健康。

Yield
直徑 6 ～ 7cm
約 16 個

Ingredients
奶油 75g
有機二號砂糖 51g
鹽 0.5g
有機雞蛋 33g
中筋麵粉 82g
小蘇打粉 1/4 小匙
泡打粉 1/4 小匙
磨過的燕麥 14g
大顆粒的碎杏仁果 42g
大顆粒的碎核桃 26g
黑巧克力豆 73g

Oven
以預熱至 160 ～ 170℃的烤箱烘焙 20 分鐘。

How to make

01 將事先置於室溫下軟化的奶油放入不鏽鋼盆，壓平後放入有機二號砂糖、鹽拌勻。

Tips 事先將奶油靜置於室溫下，讓奶油回溫、軟化到可用手指輕易按壓的狀態。可用橡皮刮刀混合材料。

02 將事先回溫的有機雞蛋分成 3 ～ 4 次混合拌勻。

Tips 注意勿用打蛋器或手持式攪拌器過度攪拌雞蛋，否則麵團會變得稀軟，烤好的餅乾也容易鬆散碎裂。

03 透過篩網放入中筋麵粉、小蘇打粉、泡打粉。

04 將橡皮刮刀直立，像用刀切一樣攪拌。

05 放入用食物調理機研磨過的燕麥、碎杏仁果、碎核桃以及黑巧克力豆混合，但不要過度攪拌。

Tips 使用切成大顆粒的碎杏仁果和碎核桃。

06 麵團完成後不可靜置，應立即用挖杓取出適量，平均排列在烤盤內。

07 將比重杯包覆保鮮膜，再以杯底將麵團壓平，也可直接用手指。

08 排列麵團時，應先考慮到烘烤膨脹後的體積。

09 以先預熱至 160 ～ 170℃的烤箱烘焙 20 分鐘。

起司餅乾

除了甜點蛋糕，鹹味的餅乾也深受孩子們喜愛。偶爾想要換口味時，微鹹的起司餅乾就是最好的選擇。雖然沒有重口味的吸引力，鹹香的起司卻會讓人忍不住一口接一口。起司餅乾還能當作爸爸的紅酒配菜，或者變化成西式開胃小點。若要做成開胃點心，可將麵團整形成直徑 5cm 的長條，再切成 1cm 厚的片狀。

Yield

直徑 3 ～ 3.5cm
約 24 個

Ingredients

奶油 50g
磨過的有機二號砂糖 17g
鹽 1g
有機雞蛋 33g
中筋麵粉 90g
杏仁果粉 15g
帕馬森起司粉 34g
匈牙利紅椒粉 2g
胡椒粉 1g

Oven

以預熱至 160 ～ 170℃的烤
箱加熱 10 ～ 12 分鐘，再以
140 ～ 150℃烘焙 10 分鐘。

How to make

01 軟化奶油放不鏽鋼盆，壓平放入磨過的有機二號砂糖、鹽拌勻。

Tips 事先以食物調理機均勻研磨有機二號砂糖。

02 將事先回溫的有機雞蛋分成 3 ～ 4 次混合拌勻。

03 透過篩網放入中筋麵粉、杏仁果粉。

04 攪拌至 80％後放入帕馬森起司粉、匈牙利紅椒粉、胡椒粉拌勻。

Tips 若沒有匈牙利紅椒粉，可使用顆粒均勻的辣椒粉。

05 將橡皮刮刀直立，彷彿用刀切一樣去攪拌。

06 將麵團包覆保鮮膜，避免麵團乾燥，靜置冷藏 30 分鐘以上。

07 將麵團由冰箱中取出，再用手輕輕將麵團捏成一大塊。

Tips 麵團中的水分較少，無法自行凝結，需輕捏成塊狀。

08 將麵團置於烘焙紙上，利用尺或各種工具，將麵團緊緊壓成長約 35cm 的條狀。

09 將麵團冷凍保存 1 ～ 2 小時，使麵團定型，避免在切片時散開。

Tips 定型的程度比冷凍保存的時間長度更重要。

10 將長條形麵團切成厚 1.3cm 的片狀。

11 麵團平均排列在烤盤內。

12 先以預熱至 160 ～ 170℃的烤箱加熱 10 ～ 12 分鐘，再調至 140 ～ 150℃烘焙 10 分鐘。

Tips 勿讓餅乾顏色烤得太深。

乳酪核桃餅乾

核桃的清香與奶油乳酪完美結合的最佳示範。最大的關鍵就是先將核桃汆燙、瀝乾,以烤箱稍微加熱後,再與其他材料混合,才能除去核桃本身的苦澀味,並讓起司乳酪的鹹香滋味更有層次。若想增添甜蜜口感,可拌入芒果乾、鳳梨乾或糖漬檸檬皮。

Yield

直徑 3 ～ 3.5cm
約 30 ～ 32 個

Ingredients

奶油乳酪 50g
奶油 50g
磨過的有機二號砂糖 56g
鹽 1g
鮮奶油 20g
中筋麵粉 110g
泡打粉 1g
碎核桃 58g
蛋白 適量
沾在表面的砂糖 適量

Oven

以預熱至 160℃的烤箱加熱 10 分鐘，
再以 140℃烘焙 10 ～ 15 分鐘。

How to make

01 將事先置於室溫下軟化的奶油乳酪、奶油拌勻。

Tips 事先將奶油靜置於室溫下，讓奶油回溫、軟化到可用手指輕易按壓的狀態。可用橡皮刮刀混合材料。

02 放入磨過的有機二號砂糖和鹽，混合拌勻。

Tips 有機二號砂糖的顆粒較大且呈不規則狀，直接使用可能會留下未融化的顆粒，可在使用前先以食物調理機研磨。

03 將鮮奶油分成 3 ～ 4 次混合拌勻。

04 透過篩網放入中筋麵粉、泡打粉，用橡皮刮刀彷彿用刀切一樣攪拌。

05 攪拌至 80%後放入碎核桃。

06 將麵團包覆保鮮膜裡，可避免麵團乾燥，置冷藏 30 分鐘以上。

07 將麵團由冰箱中取出，用手搓成圓柱形的長條狀。

08 使麵團總長度約為45cm。

09 將麵團置於烘焙紙上，利用尺或各種工具，將麵團緊緊固定。

10 將麵團放入冰箱冷凍，直到麵團完全定型，不會在切片時散開。

11 將蛋白打散起泡，刷在定型後的麵團表面。

12 將麵團表面均勻沾上砂糖。

13 切成厚約1.4cm的片狀。

 ▶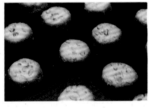

14 平均排列在烤盤內，先以預熱至160℃的烤箱加熱約10分鐘，再調整至140℃烘焙10～15分鐘。

Tips 如此可讓餅乾烤得非常酥脆。

Tips 用手指輕壓餅乾中心，感覺到稍硬時，方為適當的烘焙程度。

可可餅乾

我做的可可餅乾真正的擁護者，其實是喜愛登山的母親。她總是説，爬山爬累的時候，吃一塊充滿濃郁巧克力和香脆堅果的餅乾，馬上就能恢復體力。外表稍微有一點酥硬，內部鬆軟濕潤，正是可可餅乾的最大魅力。

Yield
直徑 6 ～ 6.5cm
約 11 個

Ingredients
黑巧克力 150g
奶油 30g
有機二號砂糖 75g
有機雞蛋 110g
中筋麵粉 55g
泡打粉 1/4 小匙
黑巧克力豆 100g
大顆粒的碎核桃 80g

Oven
以預熱至 170℃的烤箱烘
焙 12 ～ 13 分鐘。

How to make

01 將黑巧克力、奶油放入不鏽鋼盆中隔水加熱，融化至完全沒有顆粒。

02 放入有機二號砂糖拌勻。

03 二號砂糖拌勻後，將事先回溫的雞蛋分成 3 ～ 4 次加入拌勻，注意勿讓材料彼此分離。

Tip 應事先將雞蛋靜置於室溫下回溫，若是寒冷的冬天，則須隔水加熱。製作磅蛋糕或杯子蛋糕時，材料的溫度尤其重要。

04 透過篩網放入中筋麵粉、泡打粉。

05 放入黑巧克力豆、碎核桃，拌勻後包覆保鮮膜以避免乾燥，再放入冰箱冷藏約 1 小時。

06 用挖杓取出適量，排列在烤盤內。

07 以先預熱至 170℃的烤箱烘焙 12 ～ 13 分鐘。

煉乳餅乾

不添加砂糖，完全以煉乳產生甜味，濃濃的奶香令人無法抗拒。使用各種模具製作出可愛模樣的過程，適合親子同樂。不過在烘焙時，應將尺寸相似的餅乾排列在一起，才能讓受熱效果保持平均。將中筋麵粉的10%換成無糖可可粉，就能變化成巧克力煉乳餅乾。

Yield

長 6cm
約 24 個

Ingredients

奶油 80g
含糖煉乳 80g
鹽 1g
牛奶 2 小匙
中筋麵粉 130g
泡打粉 1/4 小匙

Oven

以預熱至 160 ～ 170℃的烤
箱烘焙 12 ～ 15 分鐘。

How to make

01 將事先置於室溫下軟化的奶油放入不鏽鋼盆中壓平。

02 放入含糖煉乳、鹽，攪拌至鹽完全融化為止。

03 放入牛奶拌勻。

04 透過篩網加入中筋麵粉、泡打粉。

05 將橡皮刮刀直立，彷彿用刀切一樣去攪拌。

06 將麵團放塑膠袋，用擀麵棍擀成厚度均勻的大片狀，放在塑膠砧板或類似板子上，靜置冷凍庫中定型。

Tips 在麵團兩側各擺上厚約 0.4cm 的尺或平面物品，就能輕易將麵團擀成厚度均勻的片狀。

07 除去塑膠袋，使用尺寸相似的模具，切出許多造型。

08 將麵團平均排列在烤盤內，並尺寸相近的麵團排在一起。

09 疊放另一個烤盤後，以事先預熱至 160 ～ 170℃的烤箱烘焙 12 ～ 15 分鐘。

Tips 煉乳餅乾容易不慎烤焦，因此將麵團夾在兩個烤盤之間烘焙。

香草餅乾

將香草莢裡新鮮的香草籽刮取下來，放入麵團中攪拌，烤好之後再撒上綿密的糖霜粉，香草籽與糖霜在嘴裡
交融的香酥口感，讓人不禁心情大好。將中筋麵粉其中的 7g 換成草莓粉或抹茶粉，
就能把香草餅染成漂亮的粉紅色或青綠色。

Yield

20 ～ 25 個

Ingredients

奶油 92g
磨過的有機二號砂糖 36g
鹽 0.5g
香草莢 1/2 條
蛋黃 10g
中筋麵粉 92g
杏仁果粉 27g
糖霜粉 適量

Inactive Prep

將有機二號砂糖與等量的玉米粉，以 9：1 的分量用食物調理機混合拌勻，製成糖霜粉。

Oven

以預熱至 160 ～ 170℃的烤箱烘焙 15 ～ 18 分鐘。

How to make

01 將事先置於室溫下軟化的奶油放入不鏽鋼盆中壓平。

02 放入磨過的有機二號砂糖、鹽拌勻。

03 用刀子將香草莢剖半，再用刀尖刮取香草籽。

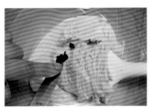

04 將香草籽放入步驟 2 的拌料中拌勻。

Tips 將空的香草莢放入糖罐，讓糖吸收香草氣味後使用於烘焙，即可除去麵粉或雞蛋的異味。

05 將蛋黃分成 2 ～ 3 次加入攪拌。

06 透過篩網放入中筋麵粉、杏仁果粉。

07 將橡皮刮刀直立，像用刀切一樣攪拌。

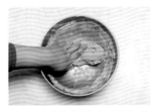

08 香草餅的麵團水份較少，須用手輕輕將麵團捏成一大塊。

09 將麵團包覆保鮮膜裡，可避免麵團乾燥，靜置冷藏 1 小時以上。

10 將麵團切成適當的大小。

11 將每個麵團整形成約 10g 的圓球狀。

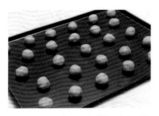

12 麵團平均排列在烤盤內。

13 以先預熱至 160 ～ 170℃的烤箱烘焙 15 ～ 18 分鐘。

Tips 要使圓球狀麵團中心也完全受熱，必要時可於烘烤時在麵團上方覆蓋烘焙紙。

14 透過篩網均勻撒上糖霜粉。

Tips 將有機二號砂糖與玉米粉，以 9：1 的比例用食物調理機混合拌勻，製成糖霜粉。

焦糖摩卡沙布雷

用有機二號砂糖製作焦糖奶醬，美味的程度絕對值得自豪。但有機二號砂糖的顆粒較大、不易融解，不熟悉焦糖製作方法的人，可以先用一般砂糖練習後，再挑戰有機二號砂糖。其實製作分量越大，就越容易成功。剩餘的焦糖奶醬，置於冰箱冷凍保存即可。

Yield

直徑 5 ～ 6cm
約 25 個

Ingredients

奶油 107g
磨過的有機二號砂糖 41g
鹽 1g
焦糖奶醬 34g
有機雞蛋 16g
中筋麵粉 157g
泡打粉 1g
杏仁果片 32g
蛋白 適量
裝飾用有機二號砂糖 少許

Oven

以預熱至 170℃ 的烤箱加熱
10 分鐘，然後以 150℃ 烘焙
10 ～ 15 分鐘。

How to make

01 將事先置於室溫下軟化的奶油放入不鏽鋼盆中壓平。

02 放入魔過的有機二號砂糖、鹽加以混合拌勻。

Tips 有機二號砂糖在使用前先以食物調理機研磨。

03 放入焦糖奶醬後拌均勻。

04 放入事先置於室溫下回溫的雞蛋，拌均勻。

製作焦糖奶醬

材料：水 20g、有機二號砂糖 80g、鮮奶油 80g、鹽少許

❶ 選較深的鍋子，先放入水再放入有機二號砂糖，以中小火加熱。

❷ 將鮮奶油放入另一個鍋子加熱。

❸ 千萬不要攪拌 ❶ 的糖漿，只要注意火勢避免燒焦，持續煮到散發焦糖香氣後關火。

❹ 倒入煮沸的鮮奶油。Tips 煮沸的鮮奶油會產生溫度極高的蒸氣，倒入時務必小心燙手。

❺ 若使用厚底的鍋子，可將鍋子浸入微溫水中降溫，或者將奶醬移至別的碗中冷卻。Tips 若有砂糖結塊，可轉至小火再加熱一會兒，並用橡皮刮刀輕輕攪拌。

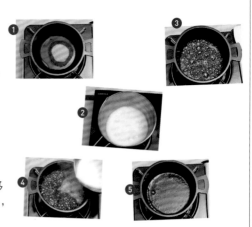

05 透過篩網放入中筋麵粉、泡打粉。

06 將橡皮刮刀直立，像用刀切一樣攪拌。

07 當粉狀材料攪拌至80％後，放入杏仁果片並輕輕攪拌。

08 將麵團包覆保鮮膜，避免麵團乾燥，靜置冷藏約30分鐘。

09 將麵團由冰箱中取出，用手搓成四邊形或圓柱形的長條狀。

10 將麵團置於烘焙紙上，利用尺或各種工具，將麵團緊緊固定。

11 將保鮮膜中間的厚紙捲剪半墊在麵團下，讓麵團保持整形好的模樣，再一起放入冰箱冷凍定型。

12 將蛋白打散起泡，薄薄刷在定型後的麵團表面。

13 將麵團表面均勻沾上有機二號砂糖。

14 再切成厚約1cm的片狀。

15 平均排列在烤盤內，先以預熱至170℃的烤箱加熱約10分鐘，再調整至150℃烘焙10～15分鐘。

Tips 用手指輕壓餅乾中心，感覺到稍硬時，方為口感最酥脆美味的烘焙程度。

南瓜沙布雷

直接在餅乾內加入營養的南瓜粉，再加上清香脆口的南瓜籽，不僅是休憩、解饞、恢復氣力的好夥伴，微甜不膩的滋味，更是令這款餅乾成為長輩們最喜歡的小禮品。也可以根據喜好，將沾在餅乾表面的砂糖混合肉桂粉，增添獨特香氣。

Yield

直徑 5 ～ 6cm
約 30 個

Ingredients

奶油 137g
磨過的有機二號砂糖 57g
鹽 1.5g
有機雞蛋 24g
中筋麵粉 189g
南瓜粉 15g
泡打粉 1g
南瓜籽 60g
蛋白 適量
有機二號砂糖 適量

Oven

以預熱至 170℃的烤箱，
加熱 10 分鐘，再以 150℃
烘焙 10 ～ 15 分鐘。

How to make

01 將事先置於室溫下軟化的奶油放入不鏽鋼盆中壓平。

02 放入磨過的有機二號砂糖、鹽混合拌勻。

Tips 有機二號砂糖的顆粒較大呈不規則狀，直接用可能會留下未融化的顆粒，可在使用前以食物調理機研磨。

03 將事先置於室溫下回溫的雞蛋分成 4 ～ 5 次加入拌勻，注意勿讓材料彼此分離。

Tips 寒冷的冬天，應先將雞蛋隔水加熱，再分成數次少量拌入。

04 透過篩網放入中筋麵粉、南瓜粉、泡打粉攪拌。

05 攪拌至 80%後放入南瓜籽。

06 將麵團包覆保鮮膜，避免麵團乾燥，放入冰箱冷凍約 30 分鐘。

07 將麵團由冰箱中取出，用手搓成圓柱形的長條狀。

08 將麵團置於烘焙紙上，利用尺或各種工具，將麵團緊緊固定，再放入冰箱冷凍定型。

09 將蛋白打散起泡，刷在定型後的麵團表面。

10 將麵團表面均勻沾上有機二號砂糖。

11 再切成厚約 1cm 的片狀。

12 平均排列在烤盤內，先以預熱至 170℃的烤箱加熱約 10 分鐘，再調整至 150℃烘焙 10 ～ 15 分鐘。

Tips 用手指輕壓餅乾中心，感覺到稍硬時，剛好就是口感酥脆的烘焙程度。

原味沙布雷

小時候家裡有客人來訪時，最期待他們手中的西式餅乾禮盒。現代的年輕人可能會覺得有點陌生，這東西大概就像西式喜餅那種綜合餅乾商品。其中我最喜歡的就是各種口味的沙布雷。當我懷念起孩提的小確幸時，我就會做幾個沙布雷送給自己。

Yield
直徑 7cm
約 12 個

Ingredients
奶油 86g
有機二號砂糖 55g
香草精 3g
有機雞蛋 27g
中筋麵粉 104g
泡打粉 2g
有機二號砂糖 適量

Oven
以預熱至 160℃的烤箱加熱約 12 分鐘,再以 150℃烘焙 8 分鐘。

Special Tips
手作香草精
將濃度 40%的伏特加 100ml 對應 10g 香草莢。先將香草莢用刀剖開,浸泡於伏特加中,靜置陰涼處保存,偶爾搖晃瓶身,經過 4～6 個月熟成,充分搖勻後使用。

How to make

01 將事先置於室溫下軟化的奶油放入不鏽鋼盆中壓平,放入有機二號砂糖拌勻。

Tips 砂糖不會融化。

02 放入香草精拌勻。

Tips 添加香草精,可除去腥味且增添香氣。每種香草精的濃度不盡相同,使用時應謹慎斟酌的用量。

03 將事先回溫的雞蛋分 3～4 次放入。

Tips 倘若攪拌過度,口感就會變得鬆軟,餅乾也容易崩塌散開。

04 透過篩網放入中筋麵粉、泡打粉。

05 將橡皮刮刀直立,像用刀切一樣攪拌。

06 以保鮮膜包覆麵團,避免麵團乾燥,靜置冷藏 1 小時以上。

07 將冷藏後的麵團切成 12 等分並揉成圓球狀。

08 放入擺滿有機二號砂糖的盤子中滾動,讓砂糖均勻沾黏在麵團表面。

09 以適當的距離平均排列在烤盤內。

10 將比重杯包覆保鮮膜,再以杯底將麵團壓平。

11 以預熱至 160℃ 烤箱加熱 12 分鐘,再調至 150℃烘焙 8 分鐘。

Tips 剛出爐的餅乾口感溫熱酥脆,若喜歡較為鬆軟口感,就可靜置一天後享用。

杏仁可可餅乾

微苦又甜蜜的可可粉，遇上隱隱散發清香的柳橙皮，再搭配脆口的杏仁果片，這是一款經典不敗的迷人餅乾。
此類餅乾的關鍵就是酥脆口感，必須在餅乾上色後，將烤箱溫度降低，宛如烘乾一般，慢慢讓餅乾的中心也
變得爽脆。保存時也必須完全避免潮濕，確實裝入密封容器，放入幾包食物乾燥劑，才能維持長久的美味。

Yield
長 6 × 寬 4.5 cm
約 20 個

Ingredients
奶油 113g
磨過的有機二號砂糖 57g
鹽 1g
中筋麵粉 147g
無糖可可粉 13g
杏仁果片 55g
檸檬皮屑 少許
蛋白 少許
有機二號砂糖 適量

Oven
以預熱至 170℃的烤箱加熱
至 10 分鐘，再以 150℃烘
焙 10 ～ 15 分鐘。

Special Tips
手作柳橙皮屑
柳橙表皮用刀子削下後均勻
切碎，就是酸甜提味的柳橙
皮屑。各品種的柳橙均可。

How to make

01 將事先置於室溫下軟化的奶油放入不鏽鋼盆中壓平。

02 放入磨過的有機二號砂糖、鹽拌勻。

Tips 事先以食物調理機均勻研磨有機二號砂糖。

03 將中筋麵粉、無糖可可粉用篩網過濾兩次以上，再放入步驟 2 的拌料中拌勻。

04 將橡皮刮刀直立，像用刀切一樣攪拌。

05 放入杏仁果片、柳橙皮屑拌勻。

06 將麵團揉成一大塊團狀。

07 再將麵團揉成四方形的長條狀。

08 用烘焙紙緊緊包住麵團，避免麵團崩塌鬆散，再以冷凍或冷藏定型 2 小時以上。

09 將蛋白打散起泡，輕輕塗在定型後的麵團表面。

10 將麵團均勻沾上有機二號砂糖。

11 麵團切成厚 0.8cm 的片狀。

12 均勻排在烤盤中，事先預熱至 170℃的烤箱加熱 10 分鐘，再調整至 150℃烘焙 10 ～ 15 分鐘。

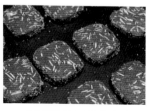
Tips 用手指輕壓餅乾中心，感覺到稍硬時，剛好就是口感酥脆的烘焙程度。

蔓越莓司康

除了一般常見較為粗糙、乾硬的司康，司康也可以做得鬆軟綿密。若想嘗試質地鬆綿的司康，揉麵的力道就必須溫和輕柔，並在烘焙前塗上一層牛奶，撒上砂糖並確實將表面烤成漂亮的金黃色。

Yield

長 8 ～ 8.5cm

約 6 個

Ingredients

中筋麵粉 200g

泡打粉 8g

奶油 80g

牛奶 90g

有機雞蛋 30g

有機二號砂糖 26g

鹽 3g

蔓越莓 40g

蘭姆酒 少許

牛奶 少許

有機二號砂糖 適量

Oven

以預熱至 170℃的烤箱烘焙

18 ～ 20 分鐘。

How to make

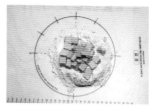

01 將中筋麵粉、泡打粉用篩網過濾後平鋪於桌面,放上均勻切成小塊的奶油。

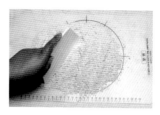

02 用刮勺或卡片將麵粉內的奶油剁勻。

Tips 可使用食物調理機。

03 將牛奶、有機雞蛋放入不鏽鋼盆中。

Tips 若以鮮奶油替代牛奶,成品的口感就會更加柔軟綿密,但須比原本的牛奶分量(90g)減少一些。

04 放入有機二號砂糖和鹽拌勻。

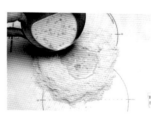

05 將步驟 4 的混合液倒在步驟 2 的麵粉與奶油中央。

06 慢慢將邊緣的粉狀材料往中央拌入。

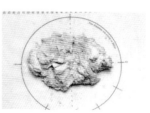

07 攪拌至牛奶液體不會流出。

08 用手掌將麵團壓緊後用刮勺切塊，再次用手壓平，反覆操作以做出層次。

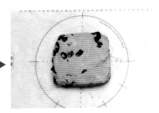 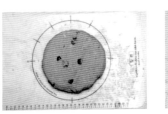

09 放入蔓越莓後混合拌勻。

Tips 事先將蔓越莓以滾水汆燙、瀝乾，浸泡於蘭姆酒中備用。

10 將麵團整形成厚約 2cm 的圓盤狀。

11 以保鮮膜包覆麵團，避免麵團乾燥，靜置冷藏 2 小時以上。

Tips 冷藏熟成時間為最少 2 ～ 12 小時。

12 將冷藏熟成後的麵團切成 6 等分。

13 將麵團表面刷上一層牛奶。

14 均勻撒上有機二號砂糖。

15 將烤盤鋪上烘焙紙，將麵團均勻排列在烤盤內。

16 以先預熱至 170℃ 的烤箱烘焙 18 ～ 20 分鐘，烤至表面變成金黃色。

覆盆子達可瓦茲

近來馬卡龍可說是獨占甜品市場地位主流，但只要嘗過達可瓦茲的滋味，恐怕就再也回不去了。達可瓦茲源於法國西南部地區，由於當地鄰近盛產杏仁果與榛果的西班牙，發展出許多運用杏仁果或榛果的餅乾或糕點。一般通常將杏仁果粉或榛果粉與打散起泡的蛋白混合拌勻，撒上糖霜粉烘焙的半乾燥酥餅，中間夾入滿滿的奶醬，也可像我一樣用覆盆子醬取代，或者將體積放大到巧克力派的尺寸。

Yield

直徑 6.5 ～ 7cm

約 6 個

Ingredients

A

黑巧克力 28g

覆盆子（或蔓越莓）17g

鮮奶油 14g

麥芽糖 5g

B 達可瓦茲酥餅

蛋白 97g

有機二號砂糖 87g

中筋麵粉 4g

杏仁果粉 59g

可可粉 18g

糖霜粉 適量

Oven

以預熱至 160 ～ 170℃的烤箱烘焙 10 ～ 12 分鐘。

How to make

01 先製作甘納許巧克力。將黑巧克力放入鍋中隔水加熱融化。

02 將覆盆子、鮮奶油、麥芽糖放入另一個鍋加熱。

Tips 若不喜歡覆盆子內的籽，可在煮滾後以篩網過濾，再將籽挑出來。

03 將煮好的覆盆子鮮奶油倒入步驟 1 的鍋子中。

04 仔細攪拌到甘納許的質地變得均勻滑順，裝入擠花袋中冷藏備用。

Tips 使用前先冷藏，可讓質地變硬，擠出時較順利。

05 接著製作達可瓦茲酥餅。將蛋白放入乾淨的不鏽鋼盆中。

06 用手持式攪拌器中速攪拌，讓蛋白產生粗大的泡沫。

07 當蛋白開始產生泡沫，將有機二號砂糖分成三次放入，持續以攪拌器打成蛋白糖霜。

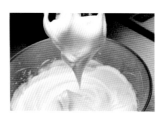
08 將攪拌器提起時，蛋白糖霜呈現不滴落的尖錐模樣，表示已打到適當程度。

09 將中筋麵粉、杏仁果粉、可可粉一起用篩網過濾兩次以上，再放入步驟8的蛋白糖霜中。

10 用橡皮刮刀慢慢攪拌混合，避免蛋白糖霜塌陷消逝。

11 將擠花袋裝上 1cm 的圓型擠花嘴，並在烤盤鋪上不沾烤盤布，將覆盆子甘納許以相同的大小擠在紙上。

12 撒上兩次糖霜粉。

Tips 若糖霜粉撒太多，會使酥餅表面過於厚重，影響視覺觀感。

13 以事先預熱至 160～170℃ 的烤箱，烘焙 10～12 分鐘後取出放涼。

14 達可瓦茲酥餅冷卻適當程度後，在平整一面均勻擠上甘納許。

Tips 巧克力冷卻而不會流動溢出，即為適當的冷卻程度。

15 另外選擇一片尺寸相當的達可瓦茲酥餅，將甘納許夾在中間。

蘋果派

光想像就令人垂涎三尺的香甜蘋果派，採用秋天當季嚴選的新鮮紅蘋果確實相當美味，其實用冰在冰箱裡稍微有點乾癟的蘋果，反而更能提出恰到好處的酸甜滋味，而且一定要配上烤得溫熱酥脆的金黃派皮。

Yield

長直徑 19.5 × 高 4cm
派盤模具 1 個

Ingredients

A 派皮
中筋麵粉 225g
冰涼的奶油 142g
冰水 79g
有機二號砂糖 5g
鹽 3g

B 蘋果餡
蘋果 4 顆
有機二號砂糖 100g
奶油 49g
杏仁果粉 1 又 1/2 小匙
玉米粉 2 大匙
檸檬汁 23g
葡萄乾 50g
碎核桃 50g
蛋黃 少許

Inactive Prep

派皮麵團完成後，分成
270g 與 180g 兩份。

Oven

以預熱至 180℃的烤箱烘
焙 45 ～ 50 分鐘。

How to make

01 先製作派皮麵團。
將中筋麵粉、冰涼
奶油放入食物調理機，另
外將冰水、有機二號砂糖
和鹽放入不鏽鋼盆中拌勻
備用。

02 啟動食物調理機，
將麵粉及奶油混合
均勻。

03 倒入步驟 1 中調好
的糖水一起攪拌。

04 攪拌至沒水分後，
停止食物調理機。

05 將步驟 4 的混料移
至桌面。

06 雙手集合、按壓、
摺疊，刮勺切塊後
再用手集合、按壓，重複
操作以做出派皮的層次。

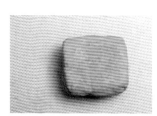

07 重複操作步驟 6 的
手法，直到麵團表
面變得平滑。

08 將麵團分成 270g 及 180g 兩份，各別包覆保鮮膜，放入冰箱冷藏 1～2 小時以上。

09 接著製作蘋果餡。將切成適當大小的蘋果、有機二號砂糖、奶油放入鍋中加熱。

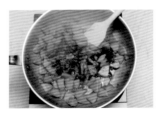

10 持續攪拌至水分收乾，再放入杏仁果粉拌勻。

11 放入玉米粉後迅速攪拌。

12 倒入檸檬汁。

13 放入葡萄乾，持續加熱至水分收乾。

14 放入碎核桃拌勻，即可關火放涼。

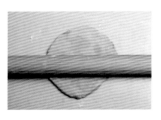

15 將 270g 的麵團用擀麵棍擀成一張圓形的麵皮。

16 麵皮的尺寸應比模具更大一些。

17 用擀麵棍將麵皮捲起，再均勻鋪在模具內。

Tips 雖然可以用手直接移動麵皮，但手的溫度可能使麵皮拉長或破裂，以擀麵棍稍微捲起後移動為佳。

18 仔細將麵皮沿著模具邊緣整理好。

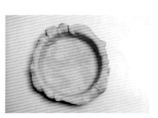

19 連同模具包裹保鮮膜，避免麵皮乾燥，放入冰箱冷藏約 30 分鐘。

Tips 若時間緊湊，可改以冷凍約 10 分鐘。

20 冷藏完成後，用刀削除多餘的麵皮。

21 將麵皮戳孔，再次包裹保鮮膜，放入冰箱冷藏一會兒。

Tips 戳孔（Piquer）是指用叉子尖端在麵團各處戳出小孔的手法。

22 用相同的方法，將180g 的麵團製成麵皮，並沿著模具上方邊緣切除多餘的部分。

23 用叉子戳孔並裹上保鮮膜後，暫時放入冰箱冷藏。

24 將冷卻後的蘋果餡均勻填入步驟 21 的麵皮內。

25 將麵皮的邊緣用水沾濕。

26 蓋上步驟 23 的那塊麵皮。

27 用叉子按壓模具邊緣，讓上下兩層麵皮緊緊接合。

28 將蛋黃打散，輕輕刷在麵皮表面。

29 以先預熱至 180℃的烤箱烘焙 45 ～ 50 分鐘。

Tips 倘若烤箱溫度太低，派皮底層不易上色，且派皮口感容易變得濕軟。若因烤箱結構而使表面顏色烤得太深，可在模具上方覆蓋好幾層烘焙紙。

30 抽除模具，靜置於架上放涼。

焦糖堅果甜派

製作焦糖堅果甜派的關鍵在於焦糖的狀態。如果操之過急或者濃度太高，燒焦般的苦味反而就會更強烈。選擇不易過熱的厚底大鍋子，耐心使用小火慢慢熬出漂亮的褐色，再將事先煮滾的鮮奶油分成 2 ～ 3 次混合拌勻，才能製作出香甜味均衡的甜派。

Yield

直徑 17× 高 2.5cm
派盤模具 1 個

Ingredients

A 焦糖堅果餡

水 2 小匙
有機二號砂糖 65g
鮮奶油 150g
蜂蜜 38g
蛋黃 22g
中筋麵粉 14g
堅果（核桃、松子、夏威
夷豆、榛果、山核桃等）
90g

B 派皮

中筋麵粉 100g
奶油 62g
冰水 36g
有機二號砂糖 3g
鹽 1g

Inactive Prep

派皮製作請見「蘋果派」
第 164～167 頁製作步驟。

Oven

以預熱至 180℃的烤箱加
熱 15 分鐘，再以 170℃烘
焙 15～20 分鐘。

How to make

01 選擇較深的鍋子，放入水、有機二號砂糖，以小火加熱。

02 將鮮奶油、蜂蜜放入另一鍋中加熱。

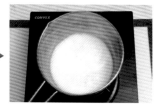

03 不要攪拌糖漿，只要注意火勢避免燒焦，持續煮到散發焦糖香氣後關火。

04 鮮奶油煮沸後，分數次倒入糖水中。

Tips 煮沸的鮮奶油會產生溫度極高的蒸氣，倒入時務必小心燙手。

05 用厚底的鍋子，可將鍋子浸入微溫水中降溫，或者將糖漿移至別的碗中。

06 待糖漿降溫到大約與體溫相近後，放入蛋黃拌勻。

07 透過篩網放入中筋麵粉拌勻。

08 放入堅果拌勻。

Tips 事先將各式堅果用烤箱以 150℃烘烤約 10 分鐘。

09 將冷藏後的麵皮用叉子戳孔。

Tips 派皮製作方法請見「蘋果派」第 165～167 頁製作步驟。

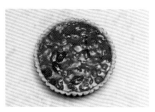

10 將步驟 8 的焦糖堅果餡均勻倒入戳孔後的麵皮內。

11 以先預熱至 180℃的烤箱加熱 15 分鐘，再調整至 170℃烘焙 15～20 分鐘。

12 抽除模具，靜置於架上放涼。

原味蛋塔

多層酥脆的外皮、濕潤柔滑的雞蛋內餡,還有什麼比這兩者更稱得上天生一對呢?蛋塔(tarte)原指填入軟嫩內餡、不覆蓋上層派皮的法式派,在港澳地區發揚光大後,成了許多遊客必吃的代表性點心之一。但即使外面賣的再好吃,當然還是比不上注入滿滿愛心的媽媽牌蛋塔。

Yield

直徑 6 × 高 2.5cm
迷你派模具 10 個

Ingredients

A
派皮
中筋麵粉 140g
奶油 88g
有機二號砂糖 3g
冰水 49g
鹽 1.5g

B
雞蛋內餡
牛奶 190g
鮮奶油 90g
有機二號砂糖 70g
香草莢 1 條
蛋黃 70g
玉米粉 10g
蘭姆酒 少許

Oven

以預熱至 180～190℃的烤
箱加熱 15～17 分鐘，再以
160～170℃烘焙 20 分鐘。

How to make

01 將冷藏後的麵皮以 28g 切成數份，鋪在迷你派模內，並用手指沿著內側整理好。

Tips 派皮製作方法請見「蘋果派」第 165～167 頁製作步驟。

02 連同模具一起冷藏或冷凍約 30 分鐘。

03 放上杯子蛋糕紙托與烘焙壓石，以事先預熱至 180～190℃的烤箱加熱 15～17 分鐘。

Tips 如果沒市售的壓石，可用豆子或米替代。

04 將牛奶、鮮奶油放入鍋中，加入有機二號砂糖（70g）之中的一大匙分量。

05 將香草莢剖開，用刀尖刮取香草籽，放入步驟 4 的混合物中一起加熱。

06 將蛋黃、有機二號砂糖（約一大匙）放不鏽鋼盆中迅速攪拌。

07 放入玉米粉拌勻。

08 倒入步驟 4 的鮮奶油中。

09 再次放在爐火上去加熱。

10 將步驟 9 的混合液以篩網過濾後，加入蘭姆酒拌勻，完成雞蛋內餡。

11 將雞蛋內餡填入步驟 3 烤好的派皮內。

Tips 若派皮的上色程度較深，應在填入內餡後連同模具一起送入烤箱。如果派皮上色程度不夠，則可將模具抽除，再填入雞蛋內餡烘烤。

12 以 160～170℃烘烤約 20 分鐘。

柚子貝殼蛋糕

柚子醬只拿來泡柚子茶喝，實在有點浪費。添加柚皮與果肉的貝殼蛋糕，比一般常見的檸檬口味更能散發迷人的酸甜清香。這款蛋糕的製作步驟簡單，送禮自用兩相宜。如果想製作檸檬口味，可將檸檬皮屑以熱水汆燙、瀝乾，用鹽或小蘇打粉摩擦，再用水清洗乾淨後即可使用。

Yield
12 個

Ingredients
中筋麵粉 78g
泡打粉 2.5g
有機二號砂糖 75g
鹽 少許
有機雞蛋 82g
隔水加熱融化的奶油 78g
柚皮醬 16g
切碎的柚子果肉 15g
刷在模具內的奶油 適量
撒在模具內的高筋麵粉 少許

Oven
以預熱至 160～170℃的烤
箱烘焙 10～12 分鐘。

Special Tips
手作柚皮醬
製作柚皮醬時，就算很麻
煩，也要確實清除卡在皮上
的籽，並且盡可能用湯匙刮
掉果皮內側白色的部分。再
用等量的糖覆蓋醃漬，才能
做出沒有苦味又好吃的柚皮
醬。

How to make

01 透過篩網將中筋麵粉、泡打粉放入不鏽鋼盆中，再放入有機二號砂糖、鹽混合拌勻。

02 將事先置於室溫下回溫的雞蛋，一次全部加入。

03 以直立式拿著打蛋器攪拌。

04 將隔水加熱融化的奶油分成 2～3 次加入。

Tips 事先將奶油放入不鏽鋼盆中，連同不鏽鋼盆一起浸泡熱水，使奶油受熱融化。

05 放入柚皮醬與碎柚子果肉拌勻，包覆保鮮膜後冷藏2小時以上。

06 將貝殼蛋糕模具刷上一層融化奶油，用篩網撒上高筋麵粉後，放冰箱冷藏。

07 麵團冷藏完成後，用挖杓將它分成 12 等分，平均填入模具內。

08 以先預熱至 160～170℃的烤箱烘焙 10～12 分鐘。

Tips 當蛋糕中央膨脹隆起，邊緣呈現漂亮黃褐色時，幾乎就是最適當的烘烤程度。

09 從模具中取出，靜置於架上放涼。

伯爵茶貝殼蛋糕

貝殼蛋糕不僅造型相當優雅，天然的奶香與甜味也非常高級，玲瓏的尺寸更讓人一口就能完全享有滿滿的異國風情。漂亮又適合送禮的貝殼蛋糕，只要簡單更換其中幾項副材料，就能創造出獨特多變化的口味。加入紅茶粉製成的貝殼蛋糕，最適合搭配一杯現泡紅茶，奢侈地享受法式下午茶的高貴氣息。

Yield
12 個

Ingredients
有機雞蛋 66g
牛奶 24g
紅茶粉 4g
中筋麵粉 84g
泡打粉 2g
磨過的有機二號砂糖 84g
隔水加熱融化的奶油 84g
刷在模具內的奶油 適量
撒在模具內的高筋麵粉 少許

Oven
以預熱至 160 ～ 170℃的烤
箱烘焙 10 ～ 12 分鐘。

How to make

01 將事先置於室溫下回溫的雞蛋、牛奶、紅茶粉放入小型不鏽鋼盆中拌勻。

Tips 紅茶粉可用紅茶包裡的紅茶末替代，若顆粒較粗大，則先以篩網過濾或用調理機磨碎。

02 另外將中筋麵粉、泡打粉一起透過篩網放入較大的不鏽鋼盆中，再加入磨過的有機二號砂糖。

Tips 事先以食物調理機均勻研磨有機二號砂糖。

03 將步驟 1 的混合物全部倒入。

04 直立拿著打蛋器，由中心往外，以同心圓的方式攪拌。

05 將隔水加熱融化的奶油分成 2 ～ 3 次加入。

06 覆蓋保鮮膜避免麵團乾燥，靜置 2 小時以上。

Tips 若省略靜置熟成的步驟，麵團就無法在烘烤時順利膨脹隆起。

07 將貝殼蛋糕模具刷上一層融化奶油，用篩網撒上高筋麵粉後，放冰箱冷藏。

08 麵團冷藏完成後，用挖杓將它分成 12 等分，平均填入模具內。

09 以先預熱至 160 ～ 170℃的烤箱烘焙 10 ～ 12 分鐘。

10 烘焙完成後，將貝殼蛋糕從模具中取出，靜置於架上放涼。

香橙起司貝殼蛋糕

如果將奶油乳酪、柳橙汁、柳橙皮屑一起放入貝殼蛋糕，會變成什麼滋味呢？實際上，香橙起司貝殼蛋糕是一種非常柔軟順口的特別點心。手上只有一個模具，但有時候會想要烤出大量的貝殼蛋糕吧？只要將使用後的模具反過來，由背面澆淋冷水，就能迅速讓模具降溫，不用苦苦等待它自行冷卻。但在澆淋冷水時，務必小心，避免觸碰或蒸氣引起的燙傷。

Ingredients
中筋麵粉 80g
泡打粉 2g
磨過的有機二號砂糖 72g
有機雞蛋 82g
柳橙皮屑 半顆
柳橙汁 34g
奶油乳酪 48g
隔水加熱融化的奶油 40g
刷在模具內的奶油 適量
撒在模具內的高筋麵粉 適量

How to make

01 將中筋麵粉、泡打粉一起透過篩網放入不鏽鋼盆中。

02 再加入磨過的有機二號砂糖拌勻。

Tips 有機二號砂糖的顆粒較大且呈不規則狀，直接使用可能會留下未融化的顆粒，可在使用前先以食物調理機研磨。

03 將事先回溫的雞蛋全部加入後，攪拌至完全沒有結塊。

04 放入柳橙皮屑、柳橙汁混合拌勻。

Tips 可使用任何品種的柳橙製作皮屑，也可用市售柳橙汁替代現榨原汁。

05 各別將奶油隔水加熱融化，用打蛋器將奶油乳酪打散。

06 兩種屬性不同的材料，有時會難以順利混合。視情況可將奶油乳酪以溫水隔水加熱，分成數次加入事先軟化的奶油，慢慢攪拌均勻。

07 將步驟 6 的材料拌勻後，倒入步驟 4 的混合液中混合。

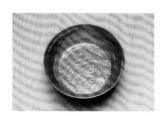

08 麵團變得柔順平滑後，覆蓋保鮮膜避免乾燥，放冰箱冷藏 2 小時以上。

09 麵團冷藏完成後，用挖杓將它分成 12 等分，平均填入模具內。

10 以先預熱至 160 ～ 170℃的烤箱烘焙 10 ～ 12 分鐘。

11 烘焙完成後，將貝殼蛋糕從模具中取出，靜置於架上放涼。

奶油花生醬費南雪

原味費南雪本身已經很好吃了，如果再加上花生醬與榛果奶油，濃郁香甜的滋味絕對超乎想像。將奶油加熱熬煮到稍微焦化，會產生類似一種榛果的特殊香氣，因此稱之為榛果奶油。記得以前在補習班學習烘焙時，有一位同學發現榛果奶油其實沒加榛果而驚訝不已，讓我對它留下了有趣的記憶。

Yield
10 個

Ingredients
中筋麵粉 43g
杏仁果粉 58g
有機二號砂糖 106g
鹽 少許
蛋白 100g
榛果奶油 80g
花生醬 20g
刷在模具內的奶油 適量

Oven
以預熱至 170 ～ 180℃的
烤箱烘焙 10 ～ 12 分鐘。

Special Tips
準備費南雪模具

事先將費南雪模具刷上一
層奶油備用。

How to make

01 將中筋麵粉、杏仁果粉一起透過篩網放入不鏽鋼盆中。

02 放入有機二號砂糖和鹽，再用打蛋器拌勻。

03 放入蛋白，將打蛋器保持直立攪拌。

04 將榛果奶油放入花生醬拌勻。

05 將步驟 4 的混合液分好幾次加入步驟 3 的拌料中混合成麵糊狀。

06 攪拌至柔順平滑。

07 將麵糊裝入擠花袋或利用挖杓，均勻填入模具約 8 分滿。

08 以先預熱至 170 ～ 180℃的烤箱烘焙 10 ～ 12 分鐘。

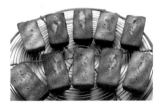

09 烘焙完成後，將貝殼蛋糕從模具中取出，靜置於架上放涼。

製作榛果奶油

材料：奶油 100g

❶ 將奶油放入鍋中，以小火慢慢融化。
❷ 奶油全部融化後，轉成中火煮滾。
❸ 將奶油熬煮至沸騰的聲音變小、散發奶油的香甜味、開始變成金黃色後轉成小火。
❹ 持續加熱至呈現適當的顏色與香氣。
❺ 將焦化的奶油用篩網過濾。
❻ 冷卻後即可使用。
Tips 倘若冷卻後發現分量不足，可加入奶油補充。

巧克力費南雪

有些餅乾適合剛出爐趁熱享用，有些卻要等到完全放涼後，才能顯現極致的美味。充滿濃郁可可香的巧克力費南雪，就是要耐心等到冷卻，讓時間催化它的鬆綿口感，用珍惜的心情品嘗它帶來的幸福。

Yield
10 個

Ingredients
蛋白 115g
有機二號砂糖 115g
鹽 少許
中筋麵粉 36g
無糖可可粉 9g
杏仁果粉 43g
泡打粉 2g
融化的奶油 115g
刷在模具內的奶油 適量

Oven
以預熱至 170℃的烤箱烘焙
12 ～ 13 分鐘。

How to make

01 將蛋白、有機二號砂糖、鹽放入不鏽鋼盆中。

02 將步驟 1 的混合物隔水加熱，用橡皮刮刀輕攪動讓砂糖融化，盡量不產生泡沫。

03 將中筋麵粉、可可粉、杏仁果粉一起用篩網過濾兩次以上，放入步驟 2 的材料中拌勻。

04 直立拿著打蛋器，由中心往外，以同心圓的方式攪拌。

Tips 這樣的攪拌方式比隨意亂攪更能將材料混合且不產生結塊。

05 將融化的奶油分成 3～4 次加入拌勻。

Tips 事先將奶油隔水加熱融化備用。

06 攪拌至柔順平滑的麵糊狀。

07 將麵糊裝入擠花袋後再套上圓形擠花嘴，均勻的填入模具約 8 分滿。

08 以先預熱至 170℃的烤箱烘焙 12～13 分鐘。

09 烘焙完成後，將貝殼蛋糕從模具中取出，靜置於架上放涼。

榛果費南雪

鯛魚燒不是鯛魚做的，榛果費南雪裡面也沒有榛果。將奶油加熱至焦化後，會產生非常接近榛果的香氣，稱之為榛果奶油。使用榛果奶油製成的費南雪算是最經典的基本口味，適合初學者多多練習。

Yield
10 個

Ingredients
蛋白 113g
有機二號砂糖 115g
中筋麵粉 43g
杏仁果粉 75g
榛果奶油 110g
蜂蜜 12g
刷在模具內的奶油 適量

Oven
以預熱至 170℃的烤箱烘焙 12 ～ 13 分鐘。

How to make

01 將蛋白、有機二號砂糖放入不鏽鋼盆中隔水加熱，用橡皮刮刀輕輕攪動讓砂糖融化，盡量不要產生泡沫。

02 砂糖顆粒完全消失後，再放入中筋麵粉、杏仁果粉。

Tips 事先將中筋麵粉、杏仁果粉一起用篩網過濾備用。

03 直立拿著打蛋器，由中心往外，以同心圓的方式攪拌。

Tips 這樣攪拌比隨意亂攪更能將材料混合且不結塊。

04 將事先製作並冷卻的榛果奶油加入蜂蜜拌匀。

Tips 榛果奶油製作方法請見「奶油花生醬費南雪」第 179 頁。

05 將步驟 3 的麵糊仔細攪拌至完全沒有結塊後，分 3 ～ 4 次加入榛果奶油，攪拌成平滑的麵糊狀。

06 將擠花袋套上圓形擠花嘴，並且裝入麵糊。

07 事先將模具刷上一層奶油，用擠花袋擠入麵糊約 8 分滿。

08 以先預熱至 170℃的烤箱烘焙 12 ～ 13 分鐘。

09 烘焙完成後，將貝殼蛋糕從模具中取出，靜置於架上放涼。

酸奶油杯子蛋糕

使用酸奶製作的杯子蛋糕或磅蛋糕，真的像絲綢一般柔軟滑順。雖然能用鮮奶油或優格替代酸奶油，但還是比不上酸奶油的風味。可根據喜好加入藍莓或蔓越莓，讓口味更多變化。

Yield

底部直徑 4.5 × 高 5cm
瑪芬杯或比重杯 15 個

Ingredients

奶油 126g
磨過的有機二號砂糖 141g
鹽 1g
有機雞蛋 68g
中筋麵粉 123g
泡打粉 4g
酸奶油 109g

Oven

以預熱至 160 ～ 170℃的
烤箱烘焙 15 ～ 20 分鐘。

How to make

01 將事先靜置於室溫下回溫軟化的奶油放入不鏽鋼盆中壓散。

02 再放入有機二號砂糖、鹽混合拌勻。

Tips 事先以食物調理機均勻研磨有機二號砂糖。

03 砂糖與鹽的顆粒變小後,將事先靜置室溫下回溫的雞蛋分 4 ～ 5 次加入,仔細攪拌讓所有材料都彼此融合。

Tips 天冷時,可將雞蛋隔水加熱至與體溫相近的溫度,分好幾次加入攪拌,避免雞蛋與其他材料分離的現象。

04 將中筋麵粉、泡打粉一起透過篩網加入步驟 3 的材料中。

05 放入酸奶油,輕柔攪拌成表面平滑的麵糊狀。

06 將底部直徑 4.5cm 的鋁箔瑪芬杯逐一放入杯子蛋糕紙托,再用挖杓均勻填入麵糊。

07 烤箱先預熱至 160 ～ 170℃烘焙約 15 ～ 20 分鐘。

08 用竹籤插入蛋糕中央,確認蛋糕的熟度後抽除比重杯,靜置於架上放涼。

Tips 若竹籤抽出後未沾有濕潤的麵糊,表示蛋糕已呈現適當的烘焙程度。

櫛瓜瑪芬

櫛瓜口味的瑪芬蛋糕？沒錯，亞洲國家常見的櫛瓜（學名：Cucurbita pepo），居然放進源自西方的瑪芬蛋糕裡。通常用於煮湯、熱炒、油煎的櫛瓜，與瑪芬蛋糕的結合就如同魔法一般不可思議。意外融洽的滋味與櫛瓜的柔軟口感，你一定也會愛上它。

Yield

底部直徑 6 × 高 5cm
瑪芬杯 5 個

Ingredients

葡萄籽油 90g
有機二號砂糖 95g
有機雞蛋 55g
中筋麵粉 150g
小蘇打粉 1/2 小匙
肉桂粉 1/4 小匙
肉豆蔻 少許
切絲的櫛瓜 130g
碎核桃 50g

Oven

以預熱至 160 ～ 170℃的
烤箱烘焙 20 ～ 25 分鐘。

How to make

01 將葡萄籽油、有機二號砂糖放入不鏽鋼盆中,用打蛋器拌勻。

02 將事先靜置於室溫下回溫的雞蛋分成 4～5 次加入,仔細攪拌讓所有材料都彼此融合。

03 將事先用篩網過濾兩次以上的中筋麵粉、小蘇打粉、肉桂粉、肉豆蔻放入步驟 2 的材料中,將橡皮刮刀直立,彷彿用刀切一樣攪拌。

04 放入切絲的櫛瓜和碎核桃。

05 仔細拌成麵糊狀。

06 將底部直徑 6cm 的鋁箔瑪芬杯逐一放入杯子蛋糕紙托,再用挖杓均勻填入麵糊。

Tips 麵糊只需要填入至約 8 分滿。

07 烤箱先預熱至 160 ～ 170℃,烘焙約 20 ～ 25 分鐘。

08 用竹籤插入蛋糕中央,確認蛋糕的熟度後抽除比重杯,靜置於架上放涼。

Tips 若竹籤抽出後未沾有濕潤的麵糊,表示蛋糕已呈現適當的烘焙程度。

巧克力瑪芬

就像基本的巧克力豆餅，巧克力瑪芬也是烘焙新手必學的經典品項之一。我這次加了杏仁膏，稍微提升了巧克力的層次。初學者可能對杏仁膏頗為陌生，可直接使用市售產品，或者挑戰更香濃的手作品。杏仁膏可廣泛使用於磅蛋糕、杯子蛋糕、貝殼蛋糕，讓口感更柔軟濕潤，剩餘的部分只要冷凍保存即可。

Yield

底部直徑 4.5 × 高 5cm
瑪芬杯或比重杯 12 個

Ingredients

A
杏仁膏 40g
奶油 78g
磨過的有機二號砂糖 57g
有機雞蛋 66g
融化的黑巧克力 40g
中筋麵粉 75g
無糖可可粉 22g
泡打粉 4g
鮮奶油 39g
黑巧克力豆 54g

B 杏仁膏
杏仁果粉 50g
麥芽糖（或麥芽水飴）5g
磨過的有機二號砂糖 38g
蛋白 12g
杏仁膏的材料拌勻後僅取
用 40g

Oven

以預熱至 160 ～ 170℃的
烤箱烘焙 15 ～ 20 分鐘。

How to make

01 將杏仁膏的材料全部拌勻，取用 40g 放入不鏽鋼盆中壓散。

02 放入事先靜置於室溫下回溫軟化的奶油，攪拌至完全沒有結塊。

Tips 將奶油分成數次加入，能讓材料更順利混合。

03 放入磨過的有機二號砂糖，再將事先靜置於室溫下回溫的雞蛋分成 4 ～ 5 次加入。

Tips 事先以食物調理機均勻研磨有機二號砂糖。

04 攪拌至質地平滑的奶醬狀。

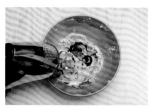

05 放入事先以隔水加熱融化的黑巧克力拌勻。

06 放入事先用篩網過濾兩次以上的中筋麵粉、無糖可可粉、泡打粉，將橡皮刮刀直立，彷彿用刀切一樣攪拌。

07 加入鮮奶油，輕柔攪拌至呈現均勻柔滑的狀態。

08 放入黑巧克力豆，拌勻。

09 將底部直徑 4.5cm 的鋁箔瑪芬杯逐一放入杯子蛋糕紙托，再將步驟 8 的拌料用挖杓均勻填入。

10 烤箱先預熱至 160 ～ 170℃，烘焙約 15 ～ 20 分鐘。

11 用竹籤插入蛋糕中央，確認蛋糕的熟度後抽除比重杯，靜置於架上放涼。

橘子磅蛋糕

用橘子皮屑製作餅乾或蛋糕，四處飄香的程度可能連柳橙也會哭著跑走。本來都是使用進口柳橙，後來聽說進口水果的表面都會塗蠟防蟲、防乾燥，於是就改用國產的橘子，沒想到出乎意料地美味。剝完橘子享用果肉之後，記得把果皮製作成皮屑冷凍保存，就能用來當作磅蛋糕的材料。

Yield

長 15.8 × 寬 7.8 × 高 6.5cm

磅蛋糕模具 1 個

Ingredients

奶油 106g
磨過的有機二號砂糖 106g
鹽 1g
有機雞蛋 116g
中筋麵粉 106g
泡打粉 5g
牛奶 10g
橘子皮屑 40g
柑曼怡橙酒 6g

Oven

以預熱至 160～170℃的烤箱烘焙 30～35 分鐘。

Special Tips

準備磅蛋糕模具

❶ 將模具內刷上一層奶油。

❷ 透過篩網撒上適量的高筋麵粉,再將多餘的麵粉抖掉。

How to make

01 將靜置於室溫下軟化的奶油壓散。

02 放入磨過的有機二號砂糖、鹽拌勻。

Tips 事先以食物調理機均勻研磨有機二號砂糖。

03 砂糖與鹽的顆粒變小後,將事先靜置於室溫下回溫的雞蛋分成 4～5 次加入,仔細攪拌讓所有材料都彼此融合。

Tips 天冷時,可先將雞蛋隔水加熱至與體溫相近的溫度,分成好幾次加入攪拌,避免雞蛋與其他材料分離的現象。

04 放入用篩網過濾後的中筋麵粉、泡打粉,再將橡皮刮刀直立,彷彿用刀切一樣攪拌。

05 放入牛奶後輕輕的攪拌。

06 放入橘子皮屑、柑曼怡橙酒拌勻。

Tips 柑曼怡橙酒是將白蘭地與柳橙皮放入木桶中熟成,散發迷人木香的一種利口酒,也可用蘭姆酒代替。

07 將步驟 6 的拌料填入事先準備好的磅蛋糕模具。

08 拌料整成兩側高、中央低的 U 字形,以先預熱至 160～170℃的烤箱烘焙 30～35 分鐘。

09 用竹籤插入蛋糕中央,確認蛋糕的熟度後抽除模具,靜置於架上放涼。

無花果巧克力磅蛋糕

可使用半乾燥的無花果產品，也可以用完全乾燥的無花果自行醃漬。將乾燥無花果用熱水汆燙、瀝乾，再用糖水煮沸後放涼，置於冰箱冷藏保存即可。無花果的口感清爽鬆軟，喜歡酸甜香氣的人可以用浸泡過蘭姆酒的杏桃、蔓越莓或陳皮替代。

Yield

長 15.8 × 寬 7.8 × 高 6.5cm
磅蛋糕模具 1 個

Ingredients

奶油 90g
融化的黑巧克力 48g
有機二號砂糖 62g
鹽 1g、有機雞蛋 90g
蜂蜜 15g、中筋麵粉 74g
泡打粉 4g、杏仁果粉 12g
無糖可可粉 12g
蘭姆酒 5g
半乾燥無花果 4 顆
核桃 40g、榛果 30g
杏桃果醬 適量
刷在模具內的奶油 適量

Oven

以預熱至 160 ～ 170℃的
烤箱烘焙 35 ～ 40 分鐘。

How to make

01 將靜置於室溫下軟化的奶油壓散。

02 放入事先隔水加熱融化的黑巧克力，拌勻。

03 放有機二號砂糖、鹽，用打蛋器攪拌。

Tips 如果有機二號砂糖的顆粒較大，事先以食物調理機均勻研磨為佳。

04 砂糖與鹽的顆粒變小後，將事先靜置於室溫下回溫的雞蛋分成 4 ～ 5 次加入，仔細攪拌讓所有材料都彼此融合。

Tips 天冷時，可先將雞蛋隔水加熱與體溫相近溫度，分成好幾次加入攪拌，避免雞蛋與其他材料分離的現象。

Tips 打蛋器的揮動次數增多、逐漸開始出現麵糊狀態後，由於打入的空氣隨之增加，整體的顏色就會變淡。

05 放入蜂蜜。

06 將中筋麵粉、泡打粉、杏仁果粉、無糖可可粉一起用篩網過濾兩次以上，放步驟 5 的拌料中。

07 將橡皮刮刀直立，像用刀切一樣攪拌。

08 放入蘭姆酒。

09 再放入半乾燥無花果、切碎的核桃、榛果攪拌均勻。

10 事先將模具內側刷上一層奶油，利用篩網均勻撒上高筋麵粉後，抖掉多餘部分，再填入步驟 9 的拌料，並將拌料整成兩側高、中央低的 U 字形。

11 用橡皮刮刀的前端在拌料中央劃出一道橫線，再以事先預熱至 160 ～ 170℃的烤箱烘焙 35 ～ 40 分鐘，注意勿讓表面烤焦。

12 用竹籤插入蛋糕中央，確認蛋糕的熟度後，抽除模具並刷上杏桃果醬，靜置於架上放涼。

Tips 若沒有杏桃果醬，可塗上厚厚的蘋果醬。

柚子磅蛋糕

將柚子醬用於烘焙，確實會大幅提升成品的可口度。所以，趕快將占據冰箱許久的柚子醬放入麵團拌吧！除了本書介紹的發酵麵包、貝殼蛋糕外，柚子醬也能活用於起司蛋糕或鬆餅。質地較為扎實的磅蛋糕，也能用柚子醬增添清爽的香甜氣息。

Yield

長 15.8 × 寬 7.8 × 高 6.5cm
磅蛋糕模具 1 個

Ingredients

奶油 76g
磨過的有機二號砂糖 80g
鹽 1g
有機雞蛋 72g
中筋麵粉 54g
泡打粉 2.5g
杏仁果粉 51g
酸奶油 18g
切碎的柚皮醬 78g
刷在模具內的奶油 適量
撒在模具內的高筋麵粉 適量

Oven

以預熱至 160 ～ 170℃ 的烤
箱烘焙 30 ～ 35 分鐘。

How to make

01 將靜置於室溫下軟化的奶油壓散。

02 放入磨過的有機二號砂糖、鹽拌勻。

Tips 事先以食物調理機均勻研磨有機二號砂糖。

03 砂糖與鹽的顆粒變小後,將事先靜置於室溫下回溫的雞蛋分成 4 ～ 5 次加入,仔細攪拌讓所有材料都彼此融合。

Tips 天氣寒冷時,可先將雞蛋隔水加熱至與體溫相近的溫度,分成好幾次加入攪拌,避免雞蛋與其他材料分離的現象。

04 放入用篩網過濾後的中筋麵粉、泡打粉、杏仁果粉,再將橡皮刮刀直立,彷彿用刀切一樣攪拌。

05 放入酸奶油,輕輕攪拌。

06 放入切碎的柚皮醬拌勻。

Tips 可使用自製橘皮醬或市售柚子醬中的果肉。

07 事先將模具內側刷上一層奶油,利用篩網均勻撒上高筋麵粉後,抖掉多餘部分,再填入步驟 6 的拌料。

08 將填入的拌料整成兩側高、中央低的 U 字形。

09 烤箱先預熱至 160 ～ 170℃,烘焙 30 ～ 35 分鐘。

檸檬磅蛋糕

清香的檸檬皮屑、酸甜的檸檬汁以及綿密糖霜製成的磅蛋糕。這裡的糖霜不需要打到非常細緻扎實的程度，應該小心輕緩攪拌至柔軟綿密的狀態，才能讓磅蛋糕保持鬆軟潤口的品質。

Yield
長 15.8 × 寬 7.8 × 高 6.5cm
磅蛋糕模具 1 個

Ingredients
奶油 97g
有機二號砂糖 A 36g
鹽 2g
檸檬皮屑 半顆
蛋黃 31g
中筋麵粉 92g
泡打粉 3g
原味優格 23g
檸檬汁 10g
蛋白 62g
有機二號砂糖 B 58g
刷在模具內的奶油 適量
撒在模具內的高筋麵粉 少許

Oven
以預熱至 160 ～ 170℃的烤
箱烘焙 30 ～ 35 分鐘。

How to make

01 將靜置於室溫下軟化的奶油壓散後，放入有機二號砂糖 A、鹽和檸檬皮屑拌勻。

02 放入蛋黃後，攪拌均勻。

03 再將中筋麵粉與泡打粉一起用篩網過濾，放步驟 2 的拌料。

04 將橡皮刮刀直立，像用刀切一樣攪拌。

05 放入原味優格、檸檬汁拌勻。

06 將蛋白放入乾淨的不鏽鋼盆中，啟動手持式攪拌器。

07 蛋白開始產生泡沫後，將有機二號砂糖 B 分成三次加入，持續攪拌成蛋白糖霜。

Tips 有機二號砂糖的顆粒較大而不易溶解，若只使用高速攪拌，容易打出含有砂糖顆粒的不完全品，應視情況切換成中速或低速，提升糖霜的完成度。

08 持續攪拌至糖霜質地變得柔軟，將攪拌器提起時，呈現不滴落的尖錐模樣。

09 先將 1/3 的蛋白糖霜加入步驟 5 的拌料中，混合均勻後再加入剩餘的糖霜拌勻。

10 先將模具內側刷上一層奶油，用篩網均勻撒上高筋麵粉，填入拌料後整成兩側高、中央低的 U 字形，再用橡皮刮刀在拌料中央劃出橫線。

Tips 磅蛋糕模具準備方法請見「橘子磅蛋糕」第 191 頁。

11 烤箱先預熱至 160 ～ 170℃，烘焙 30 ～ 35 分鐘，再用竹籤插入蛋糕中央，確認蛋糕的熟度。

12 抽除模具，靜置於架上放涼。

乳酪磅蛋糕

將奶油乳酪放入磅蛋糕中，兩者契合的程度簡直驚為天人。送禮選擇香甜綿密的乳酪磅蛋糕，一定會大受歡迎。根據個人喜好添加蔓越莓或藍莓，完全不輸市面上烘焙坊的商品。

Yield

長 15.8 × 寬 7.8 × 高 6.5cm
磅蛋糕模具 1 個

Ingredients

奶油乳酪 55g
奶油 66g
磨過的有機二號砂糖 89g
鹽 1g
有機雞蛋 70g
中筋麵粉 98g
泡打粉 2g
酸奶油 28g
刷在模具內的奶油 適量
撒在模具內的高筋麵粉 少許

Oven

以預熱至 160～170℃的烤
箱烘焙 25～30 分鐘。

How to make

01 將事先靜置於室溫下軟化的奶油乳酪及奶油混合拌勻。

02 放入磨過的有機二號砂糖、鹽，用打蛋器攪拌均勻。

Tips 事先以食物調理機均勻研磨有機二號砂糖。

03 砂糖與鹽的顆粒變小後，將事先靜置於室溫下回溫的雞蛋分成 4～5 次加入，仔細攪拌讓所有材料都彼此融合。

Tips 天氣寒冷時，可先將雞蛋隔水加熱至與體溫相近的溫度，分成好幾次加入攪拌，避免雞蛋與其他材料分離的現象。

04 放入用篩網過濾後的中筋麵粉、泡打粉，再將橡皮刮刀直立，彷彿用刀切一樣攪拌。

05 放入酸奶油後，輕輕攪拌。

06 事先將模具內側刷上一層奶油，利用篩網均勻撒上高筋麵粉後，抖掉多餘部分，填入拌料後整成兩側高、中央低的 U 字形。

Tips 磅蛋糕模具準備方法請見「橘子磅蛋糕」第 191 頁。

07 用橡皮刮刀在拌料中央劃出橫線。

08 烤箱先預熱至 160～170℃，烘焙 25～30 分鐘。

09 抽除模具，靜置於架上放涼。

Tips 即便蛋糕表面已經烤成適當的顏色，也已完成指定的烘焙時間，還是必須以竹籤插入蛋糕中央，以竹籤是否沾上濕潤的拌料，確定蛋糕的烘焙程度。若烘焙程度不夠，可包覆烘焙紙後繼續烘烤。

大麥磅蛋糕

品嘗一口大麥磅蛋糕，讓人想起純樸簡單的鄉村風情。雖然口感和扎實的雜糧麵包不同，卻擁有同樣迷人的麥香。以葡萄籽油代替奶油，降低整體甜度，適合偏好天然清香的人，此法也很適合用蒸熟的櫛瓜代替。

Yield

長 15.8 × 寬 7.8 × 高 6.5cm
磅蛋糕模具 1 個

Ingredients

葡萄籽油　70g
有機二號砂糖 42g
有機雞蛋 78g
大麥粉 125g
泡打粉 1 小匙
小蘇打粉 1/2 小匙
浸泡過蘭姆酒的葡萄乾 38g
蒸熟、壓碎的櫛瓜 166g
刷在模具內的葡萄籽油 適量

Oven

以預熱至 160 ～ 170℃的烤
箱烘焙 30 ～ 35 分鐘。

How to make

01 將葡萄籽油與有機二號砂糖放入不鏽鋼盆中，用打蛋器拌勻。

02 將事先靜置於室溫下回溫的雞蛋分成 4 ～ 5 次加入，仔細攪拌讓所有材料都彼此融合。

03 放入一起用篩網過濾的大麥粉、泡打粉、小蘇打粉，將橡皮刮刀直立，彷彿用刀切一樣攪拌。

04 輕輕攪拌，注意不要揮動得太強烈。

05 放入浸泡過蘭姆酒的葡萄乾，以及事先蒸熟、壓碎的櫛瓜。

06 事先將模具內側刷上一層葡萄籽油，再填入步驟 5 的拌料後，整成兩側高、中央低的 U 字形。

07 烤箱先預熱至 160 ～ 170℃，烘焙 30 ～ 35 分鐘。

Tips 即便蛋糕表面已經烤成適當的顏色，也已完成在指定的烘焙時間，還是必須以竹籤插入蛋糕中央，以竹籤是否沾上濕潤的拌料，確定蛋糕的烘焙程度。若烘焙程度不夠，可包覆烘焙紙後繼續烘烤。

08 烘焙完成後抽除掉模具，靜置於架上放涼。

栗子咕咕洛夫

據説原本咕咕洛夫模具是以錫製成的，主要使用於製作發酵麵包。有人以類似模樣的塗層鍋子替代咕咕洛夫模具，我也因為喜歡它漂亮的外型，打破它原本的使用功能，用它製作甜品蛋糕。栗子都有一層薄膜狀的柔軟內皮，將內皮完整保留並製成糖漬栗子，即可運用於各種糕點品項，剩餘部分以冷凍保存。

Yield

直徑 16 × 高 9cm
咕咕洛夫模具 1 個

Ingredients

A
奶油 100g
磨過的有機二號砂糖 60g
有機雞蛋 110g
中筋麵粉 125g
杏仁果粉 25g
泡打粉 5g、肉桂粉 3g
原味優格 25g
切成小塊的糖漬栗子 70g
切碎的核桃 20g
刷在模具內的奶油 適量
撒在模具內的高筋麵粉 少許

B 甜酒漿
蘭姆酒 10g
蜂蜜 25g

Oven

以預熱至 170℃的烤箱烘焙
35 ～ 40 分鐘。

Special Tips

準備咕咕洛夫模具

❶ 將模具內刷上一層奶油。

❷ 透過篩網，撒上適量的高筋麵粉，再將多餘的麵粉抖掉。

How to make

01 將靜置於室溫下軟化的奶油壓散。

02 放入磨過的有機二號砂糖拌勻。

Tips 事先以食物調理機均勻研磨有機二號砂糖。

03 砂糖顆粒變小後，將事先靜置於室溫下回溫的雞蛋分 4 ～ 5 次加入，仔細攪拌讓所有材料都彼此融合。

Tips 天冷時，可先將雞蛋隔水加熱至與體溫相近溫度，分成好幾次加入攪拌，避免雞蛋與其他材料分離現象。

04 放入一起用篩網過濾後的中筋麵粉、杏仁果粉、泡打粉、肉桂粉，將橡皮刮刀直立，彷彿用刀切一樣攪拌。

05 攪拌至 80％後，放入原味優格再輕輕攪拌。

06 放入均勻切成小塊的糖漬栗子與碎核桃，混合拌勻成麵糊狀。

07 將步驟 6 的拌料填入模具。

08 以先預熱至 170℃的烤箱烘焙 35 ～ 40 分鐘。

09 以竹籤確認蛋糕內部的烘焙程度，抽除模具移至架上放涼，趁熱刷上以蘭姆酒與蜂蜜混合而成的甜酒漿。

黑巧克力布朗尼

每當閒暇之時，總喜歡以一塊濃郁的黑巧克力，搭配香醇苦甜的美式咖啡，享受片刻寧靜。這道黑巧克力布朗尼，原本就帶有巧克力的深褐色，難以用上色的現象判斷烘焙程度，萬一烘焙時間過長，就會破壞布朗尼獨有的鬆軟口感。

Yield

直徑 15 × 高 7cm
圓形模具 1 個

Ingredients

黑巧克力 140g
奶油 70g
有機二號砂糖 42g
有機雞蛋 70g
牛奶 70g
中筋麵粉 50g
泡打粉 2g
柳橙皮 42g
均勻切碎的核桃 35g
裝飾用山核桃（或核桃）
少許
刷在模具內的奶油 適量

Oven

以預熱至 160 ～ 170℃的
烤箱烘焙 25 ～ 30 分鐘。

Special Tips

準備模具

將模具薄薄刷上一層奶油。

How to make

01 將黑巧克力和奶油一起用隔水加熱至融化。

02 攪拌至巧克力與奶油完全沒有結塊，再放入有機二號砂糖下去拌勻。

03 待砂糖的顆粒變小後，將事先靜置於室溫下回溫的雞蛋分 4 ～ 5 次加入，仔細攪拌讓所有材料都彼此融合。

Tips 天氣寒冷時，可先將雞蛋隔水加熱至與體溫相近的溫度，分成好幾次加入攪拌，避免雞蛋與其他材料分離的現象。

04 將加熱至體溫程度（約 36℃）的牛奶分成 4 ～ 5 次加入。

05 放入一起用篩網過濾後的中筋麵粉、泡打粉，攪拌至質地均勻平滑。

06 放入柳橙皮、均勻切碎的核桃。

07 連同不鏽鋼盆包覆保鮮膜，送進冰箱冷藏 1 小時以上。

08 將拌料填入圓形模具中，鋪上裝飾用山核桃，再以事先預熱至 160 ～ 170℃的烤箱烘焙約 25 ～ 30 分鐘。

09 以竹籤確認蛋糕內部的烘焙程度後，抽除模具移至架上放涼。

香蕉戚風蛋糕

在戚風蛋糕的蛋白糖霜中放入壓碎的香蕉，不僅口感變得更加綿密濕潤，還能聞到淡淡的水果香，恰好配合清爽解膩的肉桂粉。除了仿造一般蛋糕以鮮奶油裝飾表面，也可以直接切片後放在漂亮的瓷盤，再根據自己的喜好佐上鮮奶油或果醬，讓你在家也能像貴婦一樣享受！

Yield

直徑 18 × 高 10cm
戚風蛋糕模具 1 個

Ingredients

蛋黃 61g
蜂蜜 15g
葡萄籽油 55g
牛奶 113g
中筋麵粉 83g
玉米粉 13g
泡打粉 3g
肉桂粉 1g
蛋白 150g
有機二號砂糖 80g
壓碎的香蕉 100g

Oven

以預熱至 170℃ 的烤箱加
熱 10 分鐘,再以 150℃ 烘
焙 20 分鐘。

How to make

01 將蛋黃放入不鏽鋼盆中打散。

02 放入稍微加熱過的蜂蜜。

03 分成數次加入葡萄籽油拌勻。

04 放入加熱至體溫程度的牛奶。

05 再放入用篩網過濾兩次以上的中筋麵粉及玉米粉、泡打粉、肉桂粉。

06 直立拿著打蛋器,由中心往外,以同心圓的方式攪拌。

Tips 這樣攪拌更能將材料混合且不產生結塊。

07 將蛋白放另一個乾淨的不鏽鋼盆中,準備手持式攪拌器。

08 啟動手持式攪拌器以中速攪拌,至蛋白開始產生粗大的泡沫。

09 蛋白開始起泡且透明液體完全消失後再放入 40% 的有機二號砂糖,持續以中速攪拌。

10 當蛋白的泡沫開始變小,表面也變得平滑後,放入剩餘有機二號砂糖的一半,持續以中速攪拌。

11 砂糖融化、表面平滑光亮,且蛋白泡沫變更加細小後,放入剩下的有機二號砂糖,調整至中低速攪拌。

12 砂糖全數加入後,切勿調高攪拌器的速度,維持低速讓砂糖徹底融化。

Tips 有機二號砂糖的顆粒較大不易溶解,若使用高速攪拌,易打出含有砂糖顆粒的不完全品,應視情況切換成中速或低速,提升糖霜的完成度。

13 當蛋白糖霜變得柔滑細緻，將攪拌器提起時，呈現不滴落的尖錐模樣，就可以停止攪拌。

Tips 注意蛋白糖霜攪拌過久會變得僵硬。

14 取 1/3 的蛋白糖霜加入步驟 6 的拌料中混合。

15 再放入壓碎的香蕉後，拌勻。

16 放入剩餘的蛋白糖霜，快速地攪拌。

Tips 此時也不可攪拌過久。

17 用噴霧器將戚風蛋糕模具噴濕。

Tips 先將模具噴濕，可使蛋糕完成烘焙後順利抽離模具。

18 慢慢將步驟 16 的拌料倒入模具中。

19 使用筷子或類似細長工具繞圈攪拌。

Tips 此步驟可幫助拌料均勻分布在模具內，消除倒入時產生的大氣泡。

20 牢牢抓住模具，撞擊模具以消除內部的氣泡。

Tips 用雙手抓住模具，輕輕敲擊桌面。

21 預熱至 170℃ 烤箱加熱 10 分鐘，再調至 150℃ 烘焙約 20 分鐘。

Tips 將蛋糕從烤箱中取出之前，應以竹籤插入蛋糕中央，確認蛋糕的烘焙程度。

22 連同模具倒放在架上放涼，用噴霧器噴濕模具表面。

Tips 將成品由烤箱中取出後，將模具表面噴濕，可讓蛋糕順利與模具分離。

23 蛋糕完全冷卻後，利用扁平的抹刀取出蛋糕。

奶油泡芙

許多人都說，泡芙實在太容易失敗，不適合在家裡做。失敗的泡芙捨不得丟掉，卻又因為難吃而滯銷。泡芙成敗的關鍵，在於麵團的糊化程度與烘焙方法。只要麵團稍一過度糊化，或是在烘焙完成前打開烤箱門，都會讓泡芙變得乾硬而失敗。

Yield

約 20 個

Ingredients

A
泡芙
奶油 55g
水 110g
鹽 1g
中筋麵粉 60g
有機雞蛋 105g

B
克林姆醬
牛奶 116g
鮮奶油 30g
香草莢 1/2 條
有機二號砂糖 43g
蛋黃 30g
玉米粉 6g
中筋麵粉 6g
奶油 13g

C
調味鮮奶油
鮮奶油 140g
櫻桃白蘭地 少許

Oven

以預熱至 180℃的烤箱加熱 10 分鐘，再以 170℃烘焙 20 分鐘。

How to make

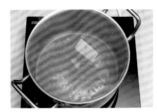

01 首先製作泡芙。將奶油、水、鹽放入鍋中，以中火加熱至奶油完全融化，再將火轉大，沸騰後關火。

02 放入事先以篩網過濾的中筋麵粉，以橡皮刮刀翻攪拌勻，為時約 1 分鐘。

03 再次將鍋子放在火爐上，一邊加熱一邊翻攪。

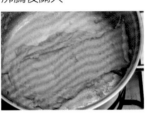

04 鍋底出現一層薄薄的膜後，再持續翻攪 1 分鐘。

05 將步驟 4 的混合物移至不鏽鋼盆中，再將事先以隔水加熱至體溫程度的有機雞蛋，分成數次加入攪拌。

06 將雞蛋分數次加入，應不時將橡皮刮刀拿起觀察，若在刮刀前端呈現稍微滑落的 V 字形，表示濃度適當，無須再繼續加入雞蛋。

Tips 也可用手指確認拌料的濃度。用手指捏取少許拌料，輕輕將手指張開後約一節指寬，若拌料不會斷開，即表示濃度適當。反之，若雞蛋分量不足，拌料就會過於稀軟。不過也可能將雞蛋全部加入後，卻呈現過度濃稠的現象，此時可適量加入微溫水調整。

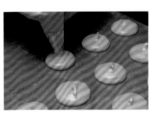

07 將擠花袋套上 1cm 的擠花嘴，填入拌料後平均擠在烤盤上。

08 用噴霧器在擠好的拌料上灑水。

09 以先預熱至 180℃的烤箱加熱 10 分鐘，再調整至 170℃烘焙 20 分鐘。

Tips 烘烤過程中千萬不能開啟烤箱門。設定的時間結束後，若持續餘溫燜烤，也可以降低失敗率。

10 製作克林姆醬。將牛奶、鮮奶油和約 1/3 的有機二號砂糖放入鍋中。

11 將香草莢剖開,用刀尖刮下香草籽後,和香草莢一起放入步驟 10 的混合液中,以中火加熱煮滾後關火靜置。

12 將蛋黃放入另一個乾淨的不鏽鋼盆中並放入剩餘的有機二號砂糖迅速攪拌。

13 放玉米粉、中筋麵粉混合拌勻。

14 分成數次慢慢將步驟 11 的混合液倒入攪拌。

15 再次將鍋子放在火爐上加熱,直到整體拌料都開始產生氣泡。

16 關火後放入奶油。

17 利用篩網過濾,清除結塊或未打散的蛋黃。

18 連同不鏽鋼盆放入冰水中,用橡皮刮刀攪拌,使拌料快速冷卻。

19 將鮮奶油放入冰涼的不鏽鋼盆中,攪拌至質地柔順平滑。

20 將開始凝固的克林姆醬用橡皮刮刀下去壓散。

21 倒入步驟 19 的鮮奶油拌勻。

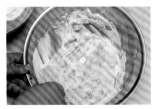

22 攪拌至完全沒有結塊為止。

23 加入少許櫻桃白蘭地拌勻。

Tips 櫻桃白蘭地是一種香氣極強的利口酒。

24 用刀將泡芙剖開,或在泡芙底部挖洞將步驟 23 的醬料填入泡芙內。

焦糖奶油泡芙

焦糖真是奇妙的東西。只是在泡芙的內餡加一點焦糖，馬上就能將泡芙的風味提升好幾倍。不過萬一焦糖濃度太高，反而會產生難以下嚥的苦味，必須耐心以小火慢慢熬煮，避免焦化過頭。熱傳導效能極佳的銅鍋相當適合用於製作焦糖，但銅鍋的價格卻令人望之卻步。一般可使用厚底的不鏽鋼平鍋替代。

Yield

約 20 個

Ingredients

A 泡芙
水 110g、奶油 55g
鹽 1g、中筋麵粉 60g
有機雞蛋 105g
杏仁果片 適量

B 克林姆醬
牛奶 105g、鮮奶油 27g
蛋黃 27g
有機二號砂糖 33g
玉米粉 6g、中筋麵粉 5g
奶油 12g、香草莢 1/2 條

C 調味鮮奶油
鮮奶油 128g
櫻桃白蘭地 少許
焦糖奶醬 45g

Oven

預熱至 190℃烤箱加熱 10
分鐘，再以 170℃烘焙 20
分鐘。

Special Tip

製作焦糖奶醬
水 13g、有機二號砂糖 50g
鮮奶油 50g、鹽少許

❶ 鍋子先放水再放有機二
號砂糖，以中小火加熱。
❷ 將鮮奶油放另一個鍋子
加熱。
❸ 不要攪拌 ❶ 糖漿，注意
燒焦，煮到散發香氣關火。
❹ 倒入煮沸鮮奶油，倒入
時務必小心燙手。
❺ 用厚底鍋子，可將鍋子
浸入微溫水中降溫，或將奶
醬移至別的碗中冷卻。

How to make

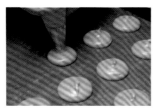

01 將擠花袋套上 1cm
擠花嘴，填入泡芙
拌料後平均擠在烤盤上。

Tips 泡芙拌料製作請見「奶
油泡芙」第 210 ～ 211 頁。

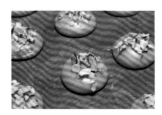

02 鋪上切成薄片的杏
仁果。

03 使用噴霧器充分的
加濕。

04 以先預熱至 190℃
的烤箱加熱 10 分
鐘，再調整至 170℃烘焙
20 分鐘。

Tips 烘烤過程中千萬不能開
啟烤箱門。

05 將裝有鮮奶油的不
鏽鋼盆放入冰水中
攪拌。

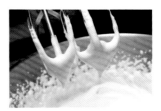

06 攪拌至柔順平滑。

07 將凝固的克林姆醬
用橡皮刮刀壓散。

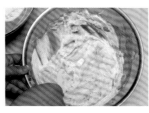

08 將步驟 6 的鮮奶油
分成 2 ～ 3 次加入
混合。

09 攪拌至完全沒有結
塊後，放入少許櫻
桃白蘭地。

10 放焦糖奶醬拌勻。

11 泡芙內餡完成。

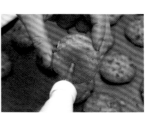

12 用擠花嘴在泡芙底
部戳洞，將內餡填
入泡芙。

糯米多拿滋

融合西式與傳統的糯米多拿滋，回想起小時候在路邊擺攤的叔叔阿姨，發現要炸得恰到好處，外皮酥脆內餡綿軟，也是一件了不起的事。而我也不知不覺到了他們的年紀，為可愛的孩子們炸著糯米多拿滋。

Yield
約 9 個

Ingredients
A
濕糯米粉 150g
高筋麵粉 30g
砂糖 24g
鹽 1g
泡打粉 3g
小蘇打粉 2g
水（煮沸至 100℃）
48 ～ 52g
紅豆餡 210g
炸油 適量

B 肉桂糖粉
有機二號砂糖 100g
肉桂粉 1g

How to make

01 將糯米粉、高筋麵粉、砂糖、鹽、泡打粉、小蘇打粉全部一起透過篩網放不鏽鋼盆中。

Tips 選用研磨行或食品材料行販售的濕糯米粉。

02 放入煮沸的水。

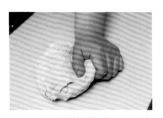

03 用手攪拌成平滑的麵團狀。

04 將麵團分成 9 等分（約 28g）。

05 將烤盤塗上充分的油，再將麵團平均排列在烤盤上。

Tips 塗油可避免麵團與烤盤互相沾黏。

06 準備與麵團相同數量的 25g 紅豆餡。

Tips 紅豆餡製作請見第 19 頁。

07 將每個麵團各別放上紅豆餡，並仔細將紅豆餡包裹在內。

08 麵團放 140 ～ 150℃低溫油鍋，慢慢滾動油炸，直到內餡也完全熟透，外表呈現適當的金黃色。

Tips 油溫度過高，易使麵團表面顏色過深，內餡卻沒熟。

09 放涼後均勻裹上肉桂糖粉。

Tips 事先將有機二號砂糖、肉桂粉均勻混合，製成肉桂糖粉備用。

經典多拿滋

偶然回想起小時候，媽媽用市售預拌粉商品做的甜甜圈，於是跑去知名甜甜圈連鎖店，才發現那種懷舊的傳統甜甜圈，現在已經難以買到。只好自己動手做囉！

Yield
圓圈狀 5 個 & 丸子狀 15 個

Ingredients
A

有機雞蛋 130g
砂糖 146g
鹽 3g
融化的奶油 49g
中筋麵粉 324g
脫脂奶粉 13g
泡打粉 10g
肉豆蔻 1.5g
高筋麵粉 少許
炸油 適量

B 肉桂糖粉
有機二號砂糖 100g
肉桂粉 1g

How to make

01 將有機雞蛋、砂糖、鹽放入不鏽鋼盆中並攪拌至完全融化。

02 放入融化的奶油，拌勻。

03 放入一起用篩網過濾的中筋麵粉、脫脂奶粉、泡打粉、肉豆蔻，攪拌時應注意避免結塊。

04 攪拌至完全看不見粉狀顆粒。

05 將麵團放入塑膠袋中，用擀麵棍均勻擀平。

Tips 在麵團兩側放上厚 1cm 的尺或平面物品，就能輕易將麵團擀成均勻的厚度。

06 將包裹著塑膠袋的麵團放在塑膠砧板上，一起冷凍靜置 10 ～ 20 分鐘。

07 用壓模器切出甜甜圈的模樣。

08 撒上高筋麵粉再抖掉多餘的部分。

09 將油鍋加熱至 180 ～ 190℃後關火並放麵團，浸泡熱油的麵團浮起後，開火以 180℃油炸。圓圈狀甜甜圈的內側炸成褐色後翻面，持續加熱至整個甜甜圈都均勻上色。從油鍋中撈起、放涼後，再將表面沾上肉桂糖粉。

Tips 如果在油炸時不斷翻面，會使甜甜圈吸收過多油份。

美式鬆餅

先做好鬆餅麵糊，放在冰箱冷藏保存，孩子們放學後，就能馬上煎出香噴噴的鬆餅，淋上甜蜜楓糖漿，孩子們就會露出無價的幸福笑容。

Yield

直徑 14cm

8 片

Ingredients

中筋麵粉 240g

泡打粉 3g

有機二號砂糖 60g

牛奶 170g

鮮奶油 170g

有機雞蛋 155g

煉乳 40g

鹽 3g

蘭姆酒 15g

食用油 適量

楓糖漿 適量

How to make

01 將中筋麵粉和泡打粉一起透過篩網放入不鏽鋼盆中。

02 放入有機二號砂糖用打蛋器拌勻。

03 將牛奶、鮮奶油、有機雞蛋、煉乳、鹽放入另一個乾淨的不鏽鋼盆中,攪拌至鹽完全融化為止。

04 將步驟 3 的拌料全部倒入步驟 2 的拌料中,將打蛋器保持直立,輕輕揮動攪拌。

05 攪拌至完全沒有結塊,質地變得均勻平滑後,放蘭姆酒。

06 包裹鮮奶油以防止麵糊乾燥,放進冰箱冷藏約 30 分鐘。

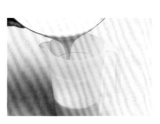

07 將麵糊倒入適當的容器中。

Tips 剩餘的麵糊可靜置冰箱保存一天左右。

08 再將平底鍋適度加熱後放入少許食用油,再倒入適量麵糊後轉至小火。

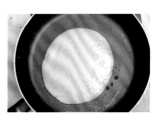

09 麵糊表面變得像火山口般產生許多氣孔,邊緣變成金黃色後翻面。麵糊全熟後移至盤子中,搭配適量楓糖漿。

75 款零負擔
天然發酵麵包與餅乾

作　　者　金智妍
譯　　者　邱淑怡

發 行 人　程安琪
總 策 畫　程顯灝

總 編 輯　呂增娣
執行主編　李瓊絲
主　　編　鍾若琦
特約編輯　李臻慧
編　　輯　程郁庭、許雅眉、鄭婷尹
編輯助理　陳思穎
美術總監　潘大智
執行美編　陳信和
美　　編　劉旻旻、游騰緯、李怡君
行銷企劃　謝儀方、吳孟蓉

發 行 部　侯莉莉
財 務 部　呂惠玲
印　　務　許丁財
出 版 者　橘子文化事業有限公司

總 代 理　三友圖書有限公司
地　　址　106 台北市安和路 2 段 213 號 4 樓
電　　話　(02) 2377-4155
傳　　真　(02) 2377-4355
E－mail　service@sanyau.com.tw
郵政劃撥　05844889 三友圖書有限公司

總 經 銷　大和書報圖書股份有限公司
地　　址　新北市新莊區五工五路 2 號
電　　話　(02) 8990-2588
傳　　真　(02) 2299-7900

製　　版　興旺彩色印刷製版有限公司
印　　刷　鴻海印刷股份有限公司
初　　版　2015 年 5 月
定　　價　新臺幣 450 元
Ｉ Ｓ Ｂ Ｎ　978-986-364-056-1 (平裝)

우리밀로 만든 건강 발효 빵과 과자 ⓒ 2014 by Kim Ji-yeon
All rights reserved
First published in Korea in 2014 by Sangsang Publishing Co.
This translation rights arranged with Sangsang Publishing Co.
Through Shinwon Agency Co., Seoul
Traditional Chinese translation rights ⓒ 2015 by SanYau Books Co., Ltd

國家圖書館出版品預行編目 (CIP) 資料

75 款零負擔天然發酵麵包與餅乾 / 金智妍著
; 邱淑怡譯. -- 初版. -- 臺北市 : 橘子文化,
2015.05 面； 公分
ISBN 978-986-364-056-1(平裝)

1. 點心食譜 2. 麵包 3. 餅

427.16　　　　104005185

版權所有・翻印必究
書若有破損缺頁 請寄回本社更換